探索与发现 奥秘
TANSUO YU FAXIAN AOMI

月球的秘密

李华金◎主编

时代出版传媒股份有限公司
安徽美术出版社
全国百佳图书出版单位

图书在版编目（CIP）数据

月球的秘密/李华金主编 . —合肥：安徽美术出版社，
2013.1（2021.11 重印）（探索与发现 . 奥秘）
ISBN 978－7－5398－4266－0

Ⅰ.①月… Ⅱ.①李… Ⅲ.①月球－青年读物②月球－
少年读物 Ⅳ.①P184－49

中国版本图书馆 CIP 数据核字（2013）第 044166 号

探索与发现·奥秘

月球的秘密

李华金 主编

出 版 人：王训海
责任编辑：倪雯莹
责任校对：张婷婷
封面设计：三棵树设计工作组
版式设计：李 超
责任印制：缪振光
出版发行：时代出版传媒股份有限公司
　　　　　安徽美术出版社 （http://www.ahmscbs.com）
地　　址：合肥市政务文化新区翡翠路 1118 号出版传媒广场 14 层
邮　　编：230071
销售热线：0551-63533604 0551-63533690
印　　制：河北省三河市人民印务有限公司
开　　本：787mm×1092mm 　 1/16 　 印 张：14
版　　次：2013 年 4 月第 1 版 　 2021 年 11 月第 3 次印刷
书　　号：ISBN 978－7－5398－4266－0
定　　价：42.00 元

月球是被人们研究得最彻底的天体。人类至今第二个亲身到过的天体就是月球。月球的年龄大约有 46 亿年。月球与地球一样有壳、幔、核等分层结构。最外层的月壳平均厚度为 60 ~ 65 千米。月壳下面到 1000 千米深度是月幔，它占了月球的大部分体积。月幔下面是月核，月核的温度约为 1000℃，很可能是熔融状态的。月球直径约 3474.8 千米，大约是地球的 1/4、太阳的 1/400，月球到地球的距离相当于地球到太阳的距离的 1/400，所以从地球上看月亮和太阳一样大。月球的体积大概有地球的 1/49，质量约 7350 亿亿吨，差不多相当于地球质量的 1/81 左右，月球的重力约是地球重力的 1/6。

月球表面有阴暗的部分和明亮的区域，亮区是高地，暗区是平原或盆地等低陷地带，分别被称为"月陆"和"月海"。早期的天文学家在观察月球时，以为发暗的地区都有海水覆盖，因此把它们称为"海"。著名的有云海、湿海、静海等。而明亮的部分是山脉，那里层峦叠嶂，山脉纵横，到处都是星罗棋布的环形山，即月坑。月球上直径大于 1 千米的环形山多达 33 000 多个。位于南极附近的贝利环形山直径 295 千米，可以把整个海南岛装进去。最深的山是牛顿环形山，深达 8788 米。除了环形山，月面上也有普通的山脉。高山和深谷更别有一番风光。

　　本书内容丰富而精确，书中的照片与插图形象生动，为我们解释了太阳、月球和地球之间的相互关系和作用。"阿波罗"登月计划是人类宇航史上的一个壮举，本书不仅回答了我们将来是否可以居住在月球上的问题，还详细介绍了人类首次登月的过程。月球及其对地球和人类的影响还远没有被人们研究透彻。将来，它依然是载人航天探索的一个重要目标。

CONTENTS
目录 月球的秘密

认识月球

　　月球是被人们研究得最彻底的天体。人类至今第二个亲身到过的天体就是月球。月球的年龄大约有46亿年。月球与地球一样有壳、幔、核等分层结构。最外层的月壳平均厚度为60~65千米。月壳下面到1000千米深度是月幔，它占了月球的大部分体积。月幔下面是月核，月核的温度约为1000℃，很可能是熔融状态的。月球直径约3474.8千米，大约是地球的1/4、太阳的1/400，月球到地球的距离相当于地球到太阳的距离的1/400，所以从地球上看月亮和太阳一样大。月球的体积大概有地球的1/49，质量约7350亿亿吨，差不多相当于地球质量的1/81，月球的重力约是地球重力的1/6。

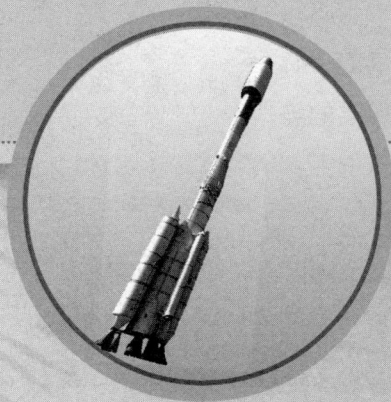

月球是什么

月球也称太阴，俗称月亮，是地球唯一的天然卫星。月球是最明显的天然卫星的例子。在太阳系里，除水星和金星外，其他行星都有天然卫星。

美丽的月亮

很早很早以前，人们晚间把眼睛转向天空，怀着既好奇又敬畏的心情注视着宇宙空间里我们的近邻——月亮。过去，它常常被看作是神秘的物体或力量源泉，是一位神，是好运气或者坏运气的先兆。今天，用我们地球人的眼光看起来，它多半只是个带着诗情画意的美景，是夜空中的一盏明灯。

除了科学幻想小说中虚构的那些情节之外，实际上，直到20世纪中叶，人们还不认为月球是个可以进行现场探测的天体。可是，空间时代的到来改变了这一切，凭借迅猛发展的宇航技术，人们已经实现了自己的美好理想——把人送到月球上去。

拓展阅读

嫦娥奔月

嫦娥奔月是远古神话，是我国十大远古爱情故事之一。传说嫦娥偷吃了丈夫后羿从西王母那儿讨来的不死之药后，飞上天庭为仙，居住在广寒宫。

皓月当空，月华如水，常令人思绪万千，遐想无限。我国自古流传着"嫦娥奔月"、"吴刚伐桂"等美丽神话。古希腊人把月球看作美丽的狩猎女神阿蒂米斯，并且把女神狩猎时从不离身的银弓作为月球的天文符号。

月球本身不发光，也没有大气，太阳光照在月球表面，有的地方反光本领大，有的地方反光本领小，所以咱们就看到月面上有明有暗。"月里嫦娥"、"玉兔捣药"和"吴刚伐桂"都是由暗部的形状想象出来的。

当今大型天文望远镜能分辨出月面上约 50 米（相当于 14 层高楼）的目标。然而望远镜里的月球和神话中的月宫毕竟大相径庭，那是一个死寂的荒凉世界，并非广寒仙境。

荒凉的月球

月球的形状是一个浑圆的圆球，平均直径是 3476 千米，大约是地球直径的 1/4。与美国领土相比，它可以从纽约一直跨到西部犹他州的盐湖城。月球的面积是 3800 万平方千米，差不多是地球面积的 1/14，比亚洲的面积略大一些。月球的体积是 220 亿立方千米，地球的体积几乎比它大 49 倍。月球的质

月球的样子

量大约等于地球质量的 1/81，也就是 7350 亿亿吨。月球的平均密度是每立方厘米 3.34 克，仅仅相当于地球密度的 3/5。月球表面的重力加速度是 $1.62 m/s^2$，为地球表面的重力加速度的 1/6，即月球上的引力只有地球的 1/6，也就是说，6 千克重的东西到了月球上只有 1 千克重了，这意味着一个重 75 千克的人，到了月球上就只有 12.5 千克的重量了。用一个简单的数学问题来打比喻，如果

你在地球上能跳 1 米高，到了月球上，你就能跳 6 米高；在地球上你能举起 50 千克重的东西，在月球上你就能举起 300 千克。因此，人在月面上走，身体显得很轻松。踏上了月面的宇航员们在举起或者搬动那些从地球带去的仪器设备等的时候，不会遇到太大的困难。

月球是离我们最近的一个天体，1957 年科学家测量得知：月球距地球为 384 402 千米。后来随着社会的进步，科学技术的发展，不久"激光"技术问世，再加之"阿波罗"号宇宙飞船的登月成功，地球上的宇航员在月面上安装了激光反射器，用激光技术测得更加准确的月地距离，其误差仅仅相差 8 千米左右，而且月球运行的轨道是椭圆形的，因而月球距地球的距离是随时间的变化而变化的。根据科学测定，在近地点时距离地球为 363 300 千米，在远地点时，距离地球为 405 500 千米。月球中心与地球中心的平均距离只有 38.44 万千米，相当于地球半径的 60 倍，或相当于 9 次多环球旅行的行程。

月球多少岁了，它是怎样的结构

月球的年龄大约有 46 亿年。从月震波的传播，人们了解到月球也有壳、幔、核等分层结构。最外层的月壳厚 60 ~ 65 千米。月壳下面到 1000 千米深度是月幔，占了月球大部分体积。月幔下面是月核。月核的温度约 1000℃，很可能是熔融的，据推测大概是由 Fe – Ni – S 和榴辉岩物质构成。同地球一样，月球的

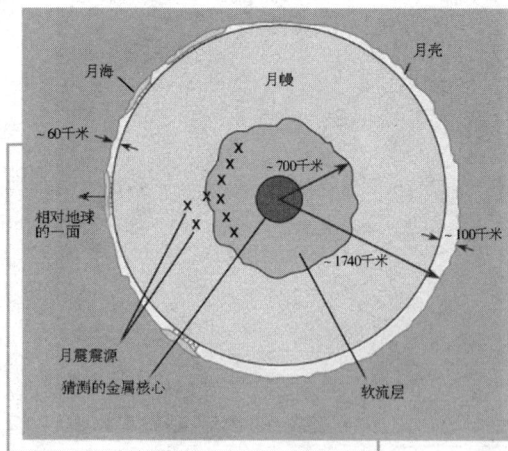

月球的内部结构

表面也覆盖着一层薄薄的土层，科学家称为"月壤"。通过对月壤的取样分析和研究发现：月壤是由角砾、沙、尘土构成。同时月面上的大部分地区还分布有一层厚度不一的月尘和岩屑。

知识小链接

榴辉岩

榴辉岩是一种变质岩，主要由绿色的辉石和浅红色的石榴石组成，有时也含有蓝晶石、金红石和角闪石等。

◐ 月球是什么颜色， 自己会发光吗

月亮看起来的颜色与它反射的太阳光穿透地球大气的情况有关。冬天时，月亮在天空中的位置比较高，它的光几乎直射地面，看起来它是白色或银色的。夏天时，月亮光在离地平线不太高的天空部位穿越而过，它的光芒要穿过比较厚的大气层，才能到达地面，看起来它就是黄色或者橙色的。

"阿波罗 11 号"飞船的奥尔德林是踏上月面的第二位宇航员。根据他近距离的实地观察，他认为月球的颜色是"略呈灰暗的可可豆色"，或者是"带很少一点的灰色"。

月球本身并不发光，只反射太阳光。月球亮度随日、月间角距离和地、月间距离的改变而变化，平均亮度为太阳亮度的 1/465000，亮度变

月球的颜色

化幅度从太阳亮度的 1/630000 至 1/375000；满月时亮度平均为 −12.7 等（见）。它给大地的照度平均为 0.22 勒克斯，相当于 100 瓦电灯在距离 21 米处的照度。月面不是一个良好的反光体，它的平均反照率只有 7%，其余 93% 均被月球吸收。月海的反照率更低，约为 6%。月面高地和环形山的反照率为 17%，看上去山地比月海明亮。

👆 月球上也有白天和黑夜吗

地球每 24 小时绕轴自转一周，因此，平均说起来，地球上的白天和黑夜各 12 小时。月球绕地球公转的周期为 27.3 地球日，在此期间，它也刚好绕轴自转一周。这样一来，1 个月球日约相当于 14 个地球日，1 个月球夜的长短也是这样。

显而易见的是，总是有半个月球老是被太阳照亮着，这跟地球的情况是一样的，所以，半个月球是白天时，另外半个月球是黑夜。

由于月球上没有大气，再加上月面物质的热容量和导热率又很低，因而月球表面昼夜的温差很大。月球的白天，月面完全暴露在强烈的太阳光下，表面温度可以达到 127℃ 以上，比地球上水的沸点还高。月球的夜晚，温度可降低到 −183℃。这些数值只表示月球表面的温度。用射电观测可以测定月面土壤中的温度，这种测量表明，月面土壤中较深处的温度很少变化，这正是由于月面物质导热率低造成的。

月球被照亮的一半

大　气

大气是围绕地球的空气包层，与海洋、陆地共同构成地球体系，天气从现象上来讲，绝大部分是大气中水分变化的结果。

由于月球上没有大气，热量既不会被吸收，也不会向四周传递开去，因此，即使是在阳光照耀下的一大块岩石，其背着太阳的阴影部分的温度，也如同在黑夜里一样。换句话说，如果你在月球上选择一个地方，使你的右脚在太阳光的照耀下，而你的左脚在阴影里，那么，你的右脚就会被烤到 127℃，而左脚则被冻到 −183℃。但是我们不必为宇航员们担心，他们穿着的宇航服有 28 层厚，可以防护外界的极热和极冷环境对身体的影响。

知识小链接

宇航服

宇航服，又称航天服，是航天员进入太空必须穿的服装，一般由压力服、头盔、手套和靴子等组成。宇航服是保障航天员生命安全的重要救生设备。

◎▶ 为什么月球总是一面朝着地球

月球的自转周期与它绕地球的公转周期一致。这样，地球赤道部分的自转速度每小时约 1600 千米，而月球赤道部分每小时只转 17 千米还不到。地球与月球的自转速度尽管相差很大，可是，两者之间却"调整"到恰到好处，使得月球老以同一个半球向着地球。这半个月球被称为"地球面"，或者叫"正面"。我们永远看不见的那半个月球，被称为"背面"。

月球的正面

月球的背面

　　如果月球绕地球转的轨道是正圆形的，那么，我们看到的月面部分刚好是整个月面的50%，不多也不少。但事实并非如此，月球公转轨道稍微有点椭圆的样子，这使得它在轨道上前进时看起来似乎有点摇摆。

朝向地球的月面

　　当月球的自转轴有点倾向地球的时候，我们就可以多看到一些它北极以外的区域；当自转轴偏离我们时，南极以外平常看不到的月面部分，就可以多看到一些。同样的道理，我们有时可以多看到一些月球正面的东外侧或西外侧区域。总体来说，不管是在什么情况下，我们看到过的月球表面大体上是整个月面的60%，也就是比所谓的正面多了约10%。

　　在地球上之所以能看到月球的半面，是因为月球的自转周期和公转周期严格相等。这到底是巧合还是有着内在的联系呢？

让我们来看看太阳系其他行星的卫星的状况，我们可以发现绝大多数卫星的自转周期和公转周期都严格相等，看来这似乎是存在某种内在联系的。

拓展阅读

太阳系

太阳系就是现在所在的恒星系统。由太阳、8颗行星、66颗卫星以及无数的小行星、彗星及陨星组成。

在地球引力的长期作用下，月球的质量中心已经不在它的几何中心，而是在靠近地球的一边。"阿波罗15号"飞船的指令舱装有激光测高仪，它测出月球的质心朝向地球一边约2千米。这样的话，在月球绕地球公转的过程中，月球的质心永远朝向地球的一边，就好像地球的引力把月球锁住了一样。太阳系的其他卫星也存在这样的情况，所以卫星的自转周期和公转周期相等不是什么巧合，而是有着内在因素的影响。

知识小链接

卫星

卫星是指围绕一颗行星按闭合轨道做周期性运行的天体，人造卫星一般亦可称为卫星。

▶ 月球上有空气和水吗

如果我们接受这样的学说，即认为月球和地球是在同一个时期，由同一些物质形成的，我们就应该承认，它们的演化模式很可能也是相同的。照这样说来，月球在演化的早期阶段曾经有过空气，也曾有过某种形式的水。

那么，为什么地球上仍存在着空气和水，而月球上却没有呢？多数科学家认为，问题的答案应该到地球与月球的引力差异中去找。

月球表面

地球的引力强大到足以把空气和水留在地球上，而月球却不能，因为它的引力不够强。因此，经过千百万年的演变之后，它的空气和水分都跑到宇宙空间去了。

可是，月球上还剩下一点点空气的痕迹，它们以气体分子的形式残留在月球表面的那些裂缝里。最乐观的估计是认为月球大气最多只有地球大气的百万分之一，这大致相当于地球高空 100 多千米处的大气密度。实际上，我们完全可以把月球看作是一个极端炎热、又极端寒冷，既无空气、又无水分的天体。

所以，去月球探险的那些宇航员们都必须穿上特制的宇航服来抵御外界的极热和极冷，以及完全没有气压的环境和其他形形色色的危险；一套可随身携带的设备则提供呼吸所必需的氧气。

月球上存在生命吗

据现代科学证实，月球上没有空气，没有任何形态的水，而且在月球上声音是无法传播的，更谈不上有风、雪、雨、云等天气的变化。月球表面的昼夜温度差异极大，在白天，有阳光直射的地方，温度可以高达 127℃；而到了夜晚，有的地方温度甚至可降到－183℃，当然也就没有生命现象的存在。可是，这方面也并不是没有分歧意见的。从月球上取得的采样岩层经科学鉴定已经发现有甲烷、乙烷、乙烯、乙炔、碳氢化合物以及各种氨基酸和核酸等有机化合物。

在某些环形山中间，曾发现过颜色变化。一些科学家认为，这是由于在月球白天的高温下，那里生长着某种类型植物的缘故。如果这种植物存在的话，就可以做这样的推测：在极度寒冷的月球之夜，它们处于冰冻的状态，而当太阳重新照耀它们时，它们又重获得生命。这种周期性的生命复苏现象，可以与地球上的树木相比拟。树木的生命不也是在冬季就似乎停止了，而到了春季就生长叶子和开花吗？

拓展阅读

甲　烷

甲烷是结构最简单的碳氢化合物，液化天然气的主要成分。无色、无臭，广泛存在于天然气、沼气、煤矿坑井气之中，是优质气体燃料，也是制造合成气和许多化工产品的重要原料。

有位天文学家还说自己看见了月球上似乎有什么东西在移动的迹象，至少有一座环形山是如此。他认为这是以月球植物为食物的成群昆虫的活动。

最早被送去月球进行考察的宇航员们都被指派这样的任务：寻找最原始的甚至已隐蔽在月球表层以下的各种形式的生命。

月球有磁场吗

早期的月球专家表示，月球的磁场很弱或根本没有磁场，而月岩的样品显示它们被很强的磁场磁化了。这对科学家们又是一次冲击，因为他们以前总是假设月岩是没有磁性的。这些科学家无法解释这些强磁场的来源。

在对美国"阿波罗"号宇航员从月球上带回的岩石的研究中,科学家们发现,月球周围的磁场强度不及地球磁场强度的1/1000,月球几乎不存在磁场。但是,研究表明,月球曾经有过磁场,后来消失了。

月球磁场从其诞生之后的5亿~10亿年开始,直至36亿~39亿年期间,是有磁场的。但是,当它出现了6亿~9亿年之后,磁场却突然消失了。这是什么原因呢?

你知道吗

磁 场

在电磁学里,磁石、磁铁、电流、含时电场,都能产生磁场。处于磁场里的磁性物质或电流,因为磁场的作用而感受到磁力,所以会显示出磁场的存在。磁场是一种矢量场,磁场在空间里的任意位置都具有方向和数值大小。

地球的磁场起源于地球内部的地核。科学家认为,地核分为内核和外核,内核是固态的,外核是液态的。它的黏滞系数很小,能够迅速流动,产生感应电流,从而产生磁场。也就是说,所有行星的磁场都是通过感应电流作用才产生的。

对月球表面岩石的分析结果显示,月球不存在可以产生感应电流作用的内核。相反,所有的证据表明,月球表面是由流动的熔岩流体形成的"海",后来因冷却变成了现在这副模样。最初,几乎所有的天文学者都以为人类在月球上找到了海,其实月球上发暗的部分,正是熔岩流体冷却形成的。那么,磁场到底是从哪里产生的呢?美国加利福尼亚大学地球行星系的思德克曼教授率领的物理学专家组针对这一专题进行了三维模拟实验。经实验,他们终于得出了结论:体轻且流动的岩石,形成了熔岩的"海洋",它们在从下面漂向月球表面的时候,在其表面之下残留了大量的类似钍和铀一样的重放射性元素。这些元素在崩溃时放出大量的热,这些热量就像电热毯一样,加热了月球的内核。被加热的物质与月球的表面形成对流，从而产生了感应电流作用。此时，也就产生了月球磁场。但是，当放射性元素崩溃超越一定时点时，对流现象中止，于是感应电流作用也随之消失。正是由于这样的变化，才最终导致月球磁场的消失。

知识小链接

放射性元素

　　放射性元素是指能够自发地从不稳定的原子核内部放出粒子或射线（如 α 射线、β 射线、γ 射线等），同时释放出能量，最终衰变形成稳定的元素而停止放射的元素。

◆ 月面景观是怎么样的

　　月球表面的主要地形构造是山脉、环形山和"海"。它们都早已被赋予了各种各样的名称。

　　在多数情况下，月面主要山脉都以地球上山脉的名字来命名，譬如：阿尔卑斯山脉、亚平宁山脉、高加索山脉、汝拉山脉、喀尔巴阡山脉、比利牛斯山脉等；也有以杰出天文学家和科学家的名字来命名的，譬如：莱布尼茨山脉和多费尔山脉。

　　环形山则一般以古代或者现代的著

月球近景

名科学家和哲学家等的名字来称呼，譬如：柏拉图、哥白尼、欧几里得、阿基米得、法拉第、卡文迪许、罗斯、皮克林、牛顿等。

以中国天文学家名字来命名的环形山有4座：祖冲之、石申、张衡和郭守敬。这些环形山都在月球背面。此外，有一座取名为"万户"的环形山。"万户"是中国明代的一种官职，据说有一位曾担任过这种官职的人，最早试图用火箭推力把自己送上天去，结果他不幸在试验过程中牺牲了。

前苏联根据第一批月亮背面照片建立月亮背面图的时候，为一些最明显的月面构造取了名字，譬如：莫斯科海、苏维埃山脉以及齐奥尔科夫斯基、洛蒙诺索夫、祖冲之环形山等。

拓展阅读

阿基米德

阿基米德（公元前287—前212），古希腊哲学家、数学家、物理学家。出生于西西里岛的叙拉古。阿基米德到过亚历山大里亚，据说他住在亚历山大里亚时期发明了阿基米德式螺旋抽水机。后来阿基米德成为数学与力学方面的伟大学者，并且享有"力学之父"的美称。阿基米德流传于世的数学著作有10余种，多为希腊文手稿。

月球表面的环形山

月球山脉很可能是在月球历史的早期形成的。那时月球正处在从液态变为固态的阶段，而它的内部刚处于熔融状态。由于逐渐冷却，月球表面产生褶皱和裂缝，像个干透了的李子。地球表面的山脉当初也是这样形成的。

莱布尼茨山脉的最高峰在9000米以上，这比地球上的最高峰——珠穆朗玛峰还要高些。有待进一步证实的计算结果表明，月球表面可能存在着一些比莱布尼茨还高些的山峰。

◐▶ 站在月球上会看到什么呢

千百年来，人们只是在地球上赏月。当宇航员踏上了这个神秘星球的表面时，一切都是那么新奇有趣。由于没有大气，声音在月面上无法传播，到处是一片寂静。这里根本没有嫦娥起舞的身影，更没有广寒宫可居住。这里不是什么天堂，而是没有任何生命迹象的荒凉之地。

月球上没有大气，没有水，也就没有地球上的风化、氧化和水的腐蚀过程。月面岩石犹如一部天书，记载着几十亿年来月球的演化和变

在月球上看到的景色

迁。月球上现在的火山活动、陨石撞击、太阳风和宇宙射线的直接辐射等，都可以从月岩和月壤中找到踪迹。

站在月球上，首先会感到月面天地狭小，没有地球上天、地之间那么深远开阔，这是因为月球的体积比地球小得多。站在月球上，一般人看到的月平视距只有 2.5 千米，而在地球上看到的地平视距离是 5 千米。

在明亮的阳光照射下，月球到处是裸露的岩石和环形山的侧影。从月面结构中，我们可以见到起伏的山峦、崎岖的高地、广阔的平原、深长的沟壑、险峻的山脊和断崖。整个月面覆盖着一层碎石粒和浮土，到处千疮

百孔。

月面天空中巨大的蔚蓝色的星球，光色皎洁，美丽而又亲切，它就是人类的摇篮——地球。在这里见到地球时，应是抬头望地球，倍感思故乡。地球上被太阳照亮的白天部分和黑夜部分显得十分明显。在月球上看到的地球也有类似地球上看到的月球一样的位相变化。在阳光照射下，地球上淡蓝色的大气层里缭绕着片片白云，深蓝色的是海洋，褐色的是陆地，覆盖着白色冰雪的是极地。在月球上见到的地球圆面，要比在地球上见到的满月大 14 倍。

月球上看到的地球

再加上地球大气反射阳光的本领很强，因此，在月球上见到的地球要比在地球上见到的满月明亮 80 多倍。可以想象，在地光之下看书是不成问题的。还有一种奇特的现象，那就是在月球上看到地球的地方，只要观测者不动，会觉得地球总在天空中，基本上不动，没有升起和落下的现象。为什么会有这种现象？前面已经讲过了，这是因为月球总以同一面对着地球的缘故。

在月球上看到的星星和太阳也是基本不动的吗？不。月球有自转，但是自转很慢，星空沿着和月球自转方向相反的方向缓慢移动。星星和太阳都是有升有落的。月球上的一昼夜相当于地球上的 29.5 天。

因为月球上没有光，天空永远是一片漆黑，太阳和星星可以同时出现，星光一点也不闪动，阳光要比地球上强烈得多。这里还没有云雾，没有晚霞和曙光；没有风、雨、雷、闪电，永远是晴天，因此在这里天气预报是没有意义的。在月球上看到的星座和在地球上看到的星座没有什么变化。但是在地球上看到的北极星在月球上却失去了意义。另外，在月球上不能用指南针辨别方向，因为月球的磁场非常微弱。那么，宇航员靠什么辨别方向呢？从目前看，宇航员是根据日晷仪被太阳投出的影子推算方向的。

因为月球上的重力加速度比较小，因此脱离月球的"逃逸速度"也比较小，据测量是地球的 1/5，其值的大小是 $2400m/s^2$，使得在月球上的宇航员离开月球比较方便，所以登月成功着陆的宇航员在月球上，其前进好像袋鼠一样向前跳跃。正因为其"逃逸速度"比较小，给月球带来了可怕的不良效应：月球上根本无法吸引其周围的大气，也就不可能有雨、雪、冰、霜、雾等的产生和变化，使月球成为奇特的荒漠世界。

◀ 拓展阅读

指南针

指南针是用以判别方位的一种简单仪器。指南针的前身是中国古代四大发明之一的司南。主要组成部分是一根装在轴上可以自由转动的磁针。磁针在地磁场作用下能保持在磁子午线的切线方向上。磁针的北极指向地理的南极，利用这一性能可以辨别方向。指南针被广泛应用于航海、野外探险等领域。

⬢▶ 月球的成分及资源

地球上的金属资源正在逐步减少，我们不能等待千年之后有朝一日全部资源都消耗殆尽的时候，再来想办法。一些政府和工业部门已经把眼光转向月球，希望将来有一天能开采月球矿藏，为地球提供所需要的原材料。

"阿波罗"宇宙飞船的宇航员们，曾从月球带回了月球岩石和土壤标本，科学家们很早就把它们与早些时候由"勘测者"号等探测器获得的资料进行对比研究，发现地球玄武岩中包含着的那些宝贵成分，在月球上也都有。在地球实验室里被做过分析研究的那些月球岩石，多数是玄武岩，它们与地球玄武岩的不同之处在于所含的钛和铁等成分较多，而氧、水分和易挥发物质较少。

基本小知识

玄武岩

玄武岩属基性火山岩。是地球洋壳和月球月海的最主要组成物质，也是地球陆壳和月球月陆的重要组成物质。

45 亿年前，月球表面仍然是液体岩浆海洋。科学家认为组成月球的矿物克里普矿物（KREEP）展现了岩浆海洋留下的化学线索。KREEP 实际上是科学家称为"不兼容元素"的合成物——那些无法进入晶体结构的物质被留下，并浮到岩浆的表面。对研究人员来说，KREEP 是个方便的线索，说明了月壳的火山运动历史，并可推测彗星或其他天体撞击的频率和时间。

月壳由多种主要元素组成，包括铀、钍、钾、氧、硅、镁、铁、钛、钙、铝及氢。当受到宇宙射线袭击时，每种元素会发射特定的 γ 辐射。有些元素，例如铀、钍和钾，本身已具放射性，因此能自行发射 γ 射线。但无论成因为何，每种元素发出的 γ 射线均不相同，每种均有独特的谱线特征，而且可用光谱仪测量。直至现在，人类仍未对月球元素的丰度作出面性的测量。现时太空船的测量只限于月面一部分。

月球有丰富的矿藏，据介绍，月球上稀有金属的储藏量比地球还多。月球上的岩石主要有三种类型，第一种是富含铁、钛的月海玄武岩；第二种是斜长岩，富含钾、稀土和磷等，主要分布在月球高地；第三种主要是由 0.1 ~ 1 毫米的岩屑颗粒组成的角砾岩。月球岩石中含有地球中全部元素和 60 种左右的矿物，其中 6 种矿物是地球没有的。

月球的矿产资源极为丰富，地球上最常见的 17 种元素，在月球上比比皆是。以铁为例，仅月面表层 5 厘米厚的沙土就含有上亿吨铁，而整个月球表面平均有 10 米厚的沙土。月球表层的铁不仅异常丰富，而且便于开采和冶炼。据悉，月球上的铁主要是氧化铁，只要把氧和铁分开就行。此外，科学家已研究出利用月球土壤和岩石制造水泥和玻璃的方法。在月球表层，铝的含量也十分丰富。

知识小链接

水 泥

水泥是指粉状水硬性无机胶凝材料。加水搅拌成浆体后能在空气或水中硬化，用以将砂、石等散粒材料胶结成砂浆或混凝土。

月球土壤中还含有丰富的氦 3，利用氘和氦 3 进行的氦聚变可作为核电站的能源。这种聚变不产生中子，安全无污染，是容易控制的核聚变，不仅可用于地面核电站，而且特别适合宇宙航行。据悉，月球土壤中氦 3 的含量估计为 715 000 吨。从月球土壤中每提取 1 吨氦 3，可得到 6300 吨氢、70 吨氮和 1600 吨碳。从目前的分析看，由于月球的氦 3 蕴藏量大，对于未来能源比较紧缺的地球来说，无疑是雪中送炭。许多航天大国已将获取氦 3 作为开发月球的重要目标之一。

月球表面分布着 22 个主要的月海，除东海、莫斯科海和智海位于月球的背面（背向地球的一面）外，其他 19 个月海都分布在月球的正面（面向地球的一面）。在这些月海中存在着大量的月海玄武岩，22 个海中所填充的玄武岩体积约 1010 立方千米，而月海玄武岩中蕴藏着丰富的钛、铁等资源。假设月海玄武岩中钛铁矿含量为 8%，或者说二氧化钛含量为 4.2%，则月海玄武岩中钛铁矿的总资源量为 $1.3 \times 10^{15} \sim 1.9 \times 10^{15}$ 吨，尽管这种估算带着很大的推测性与不确定性，但可以肯定的是月海玄武岩中丰富的钛铁矿是未来月球可供开发利用的最重要的矿产资源之一。

　　克里普岩是月球高地三大岩石类型之一，因富含钾、稀土元素和磷而得名。克里普岩在月球上分布很广泛。富含钍和铀元素的风暴洋区的克里普岩被后期月海玄武岩所覆盖，克里普岩混合并形成高钍和铀物质，其厚度有 10～20 千米。风暴洋区克里普岩中的稀土元素总资源量为 225～450 亿吨。克里普岩中所蕴藏的丰富的钍、铀也是未来人类开发利用月球资源的重要矿产资源。此外，月球还蕴藏有丰富的铬、镍、钠、镁、硅、铜等矿产资源。

月球的起源

    对月球的起源，大致分为三大派，但仍未定论。有些科学家认为，月球是 46 亿年前，与地球一样由宇宙的气体和尘埃形成的；另一些人则认为，月球是地球的"孩子"，是从地球分裂出去的。然而，"太阳神"号几次带回的数据显示，月球和地球的组成成分大不相同。不少的科学家认为，月球在很多年以前，偶然被吸入地心引力范围，因而才意外地进入地球的轨道。但也有人引用天体力学来反对这种说法。

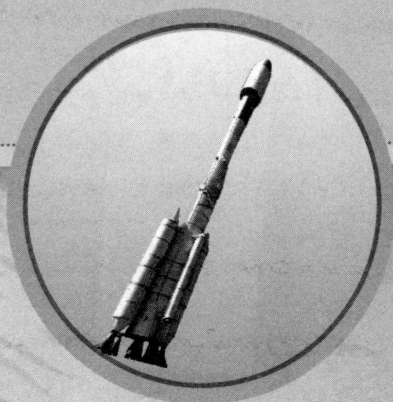

同源说

地月同源说是最早出现的一种月球起源假说，它主张月球和地球具有相同的起源。18 世纪法国天文学家布丰是这类起源说的最早代表。布丰认为：太阳系的所有天体起源于一次彗星对太阳的猛烈碰撞所撞下来的太阳碎块。稍后，德国的康德和法国的拉普拉斯提出了著名的太阳系起源的"星云说"，认为月球和地球都是同一团弥漫物质形成的。这团弥漫物质的大部分形成地球，小部分形成月球，或者地球形成后剩余的物质形成了月球。按照这种理论，地球的年龄和月球的

地月同源说

年龄应该不相上下。

近年来，科学家对"阿波罗"号宇航员们从月面采集的月岩样品做了放射性年代测定，结果证明，月球形成的时间和地球形成的时间相同，即都形成于 46 亿年前。在这一点上，同源说获得了实验的支持。但同源说却无法解释为什么具有相同起源的地

你知道吗

太阳星云

太阳星云是经过凝聚与吸积产生太阳、太阳系内天体的气团与弥漫的固体物质。大概于 50 亿年前首先塌缩，后来构成太阳系的气尘云。

球和月球，在物质组成上有显著的差异，它们的密度为什么不同。它也无法解释，与太阳系其他行星的卫星相比，月球所具有的一系列特征。譬如，其

他卫星与中心行星的质量比都小于 1/10000，而月球与地球的质量比却高达 1/81，这在太阳系中没有第二例。同源说显然要对太阳星云中的地月形成区情况做相当多的规定才行。

◆ 分裂说

英国著名生物学家、"进化论"创始人罗伯特·达尔文之子乔治·达尔文，是英国剑桥的一位天文学家。他在研究地月间的潮汐影响时，注意到由于潮汐作用，地球的自转速度在逐渐变慢，月球在逐渐远离地球。他由此推断月球在远古时一定离地球非常近。达尔文在 1879 年发表了题为《太阳系中的潮汐和类似效应》的文章，提出月球在

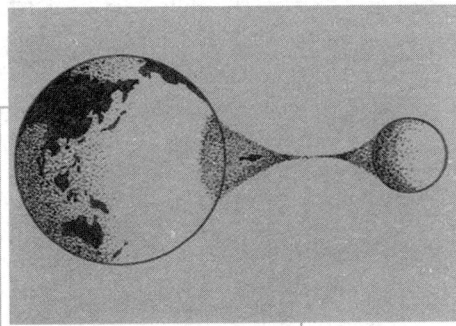

形成之前是地球的一部分。他认为，在太阳系形成初期，地球还处于熔融状态时，地球的转速相当高，以致有一部分物质被从赤道区甩了出去。后来，这部分物质演化成为今天的月球，甚至还认为太平洋就是月球分出去后留下的疤痕。

　　有不少人支持达尔文的观点。据计算，月球的物质刚好能填满太平

地月分裂说

洋。支持者们认为，分裂出去的是上地幔物质，因此月球没有地球那样的金属核，密度与地壳接近也就变得合情合理了。另外，现代激光测距定出月球每年远离地球 5 厘米，因而在遥远的过去，月球确实离地球很近。

知识小链接

地 壳

地壳是地球固体地表构造的最外圈层，整个地壳平均厚度约 17 千米，其中大陆地壳厚度较大，平均约为 35 千米。高山、高原地区地壳更厚，最高可达 70 千米，平原、盆地地壳相对较薄。大洋地壳则远比大陆地壳薄，厚度只有几千米。

但是，这个罗曼蒂克的假说也遇到了重重困难。譬如，马尔科夫在研究太阳系中各天体时，注意到天体的扁率与它的自转速度、密度有关。要使地球上的物体在离心力作用下飞离出去，地球的自转速度必须是现在的 17 倍。然而根据地月系现状和角动量守恒定律，推算出的 46 亿年前的地球自转率并不是那么快。况且，如果月球是从地球上飞出去的，那么，月球的轨道应该位于地球的赤道面上，而事实却不是这样。另外经过研究证明，熔融状态的地球根本不可能分出去一部分物质。即使退一步说，月球是从地球分裂出去的，那么在刚分出去的时候，也一定会受到地球的引力作用而产生很大的潮汐，最后还是会重新落到地球上来的。再有，对太平洋底部的研究，证明它和其他海洋底部的结构相同，由洋底沉积的厚度及沉积速度来看，太平洋的年龄只有 1 亿年，和月球的年龄相差悬殊。

➲ 俘获说

鉴于同源说和分裂说所遇到的困难，瑞典天文学家阿尔文提出了"俘获说"。该假说认为：月球和地球是在不同的地方形成的，月球本来只是太阳系中的一颗小行星，一次偶然的机会，因为运行到地球附近，被地球的引力所俘获，从此再也没有离开过地球，成为地球的卫星。这个颇富戏剧性的假说受到多数科学家的赞成。它很好地说明了地球和月球在物质组成上的差异和不同于太阳系其他卫星的特征。

地月俘获说

还有一种接近俘获说的观点认为：地球不断把进入自己轨道的物质吸积到一起，久而久之，吸积的东西越来越多，最终形成了月球。

然而和上述其他两种假说一样，俘获说也有难以自圆其说的地方。例如说月球太大，地球俘获如此之大的一个天体是很难想象的，即使能抓住，轨道也不会像现在这样规则。

上述三种月球起源假说，可以说各有千秋，都能或多或少地解释月球的成分、密度、结构、轨道及其他基本事实。从目前来看，除分裂说遇到致命的问题，似乎难以成立外，俘获说和同源说这两种假说究竟哪一种更合理一些，还无定论。现有假说的困难，迫使天文学家不得不另辟蹊径，提出新的起源假说。

密　度

　　密度是反映物质特性的物理量，物质的特性是指物质本身具有的而又能相互区别的一种性质，人们往往感觉密度大的物质"重"，密度小的物质"轻"，这里的"重"和"轻"实质上指的就是密度的大小。

大碰撞假说

　　美国科学家本兹、斯莱特里以及卡梅伦，于 1986 年 3 月在美国休斯顿举行的一次月亮和行星讨论会上，提出了一个崭新的、摆脱了上述三种假说框架的月球成因假说。该假说认为：在太阳系早期，行星际空间有大量的"星子"，星子经过碰撞、吸积而逐渐变大。大约在相当目前地月系统存在的空间范围内，形成了一个质量大约相当于现在地球质量 9/10 的原始地球，和一个火星般大小的天体。这两个天体在各自的演化中，均形成了以铁为主的金属核和以硅酸盐组成的幔和壳。由于这两个天体相距不远，因此相遇的机会就很大。一次偶然的机会，那个小的天体以每秒 5 千米左右的速度撞向地球。剧烈的碰撞不仅使地球的轨道发生了偏斜，使地轴倾斜，而且使火星般大小的撞击体碎裂，壳和幔受热蒸发，膨胀的气体"裹胁"着尘埃飞离地球。这些飞离的物质中还包括

小行星撞击地球想象图

少量的地幔物质。火星般大小的天体碰撞后，被分离的金属核因受胀飞离的气体阻碍而减速，被吸积在地球上。飞离的气体尘埃受地球的引力作用，一部分处于洛希极限内，一部分落在洛希极限外，呈盘状物出现。位于洛希极限外的物质通过吸积，先形成几个小天体，最后不断吸积，像滚雪球似的，形成了月球。

知识小链接

火 星

火星是太阳系八大行星之一，是太阳系由内往外数的第四颗行星，属于类地行星，直径约为地球的一半，自转轴倾角、自转周期均与地球相近，公转一周约为地球公转时间的两倍。

这一新的"大碰撞"假说，在某种程度上兼容了三种经典假说的优点，并得到了一些地球化学、地球物理实验的支持。

由于大碰撞假说认为，月球是撞击后飞离的物质凝聚而成，这样就不必要求月球的运行轨道非要与地球赤道面重合不可。此外，由于月球的大小取决于飞离物质的多少，因此也不必考虑为什么地、月的质量比远大于其他行星和它的卫星了。

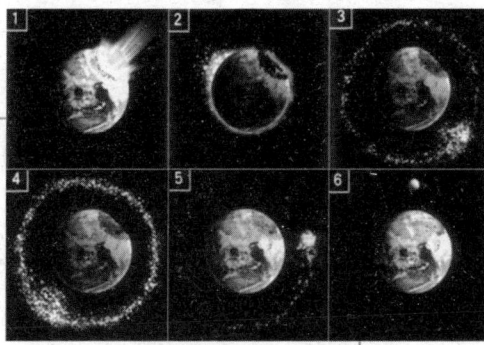

大碰撞假说电脑模拟图

从物质组成看，该假说认为月球是由碰撞体和少量地幔组成的，这就是月球密度为什么较低，没有像地球那样的金属核的原因。另外由于碰撞所产生的高温使易挥发的元素蒸发掉，从而也解释了月球上为什么富集难熔元素，而缺少易挥发元素。

目前，大碰撞假说还未得到天文学家的普遍承认，需要进一步验证和证实。

知识小链接

赤　道

赤道是地球上重力最小的地方。赤道是一根人为划分的线，将地球平均分为两个半球（南半球和北半球）。它位于南北回归线之间，一年四季都受到阳光的直射。

◑ 月球行星论

天文学家无论是在讨论经典假说还是大碰撞假说时，都把月球看作是地球的一颗卫星，而不久前有人提出了一个新奇的观点，认为月球原来是太阳系的一颗行星。

美国著名地球物理学家爱拜塞尔在《地球》一书中提出："近代太阳系形成学说确认月球是个正统的行星。实际上地球和月球是一种双星系统的关系，而绝不是月球从属于地球的母子关系。"他的证据是：①在形成年代上，月球略早于地球；②地、月的直径比和质量比相差不多，卫星与主体行星之间这样大的比值在太阳系中"只此一家"；③地球属于类地行星，而类地行星除地球和火星以外，其他的都无卫星；④月球并没有绕着地球旋转，而是伴着地球对转，在太阳系中，其他行星的公转轨道都是比较光滑的图形，唯有地球的公转轨道是波浪般的图形。

月球行星论产生了一定的反响。一些天文学家对此持有异议，我国紫金山天文台刘炎认为，这个结论过于武断了。他认为，月球形成的年代是否早于地球至今尚无定论，而且即使我们承认月球的"年岁"高于地球，也不能就由此推论月球不是地球的卫星了。因为关于卫星和中心行星的"年岁"是一种历史上的月地关系，而月球是否是地球的卫星，却是一个卫星的概念和定义的问题，是一种现实的月地关系。月球的质量虽大，但还是在其作为地球卫星所应有质量的合理范围之内；而月球相伴地球"对转"、地球轨道"波浪形"起伏，也完全符合力学规律。月球在它漫长的演化史上很可能曾经是一颗行星，但它现在确确实实是一颗卫星。

地球与月球

行 星

行星通常指自身不发光，环绕着恒星的天体，其公转方向常与所绕恒星的自转方向相同。

基本
小知识

　　正像科学家所说的那样，宇宙间只有未被认识的事物，而绝没有不可认识的事物。随着人们在实践中认识的不断深化，月球是怎样产生的，月球是行星还是卫星这些问题，一定会弄清楚的。

月球的运动

　　月球每天东升西落的运动是地球自转的反映。月球本身还在恒星间自西向东运动，这种运动是月球围绕地球公转的反映。如果在几小时内连续观察月球相对于某一亮星相对的位置，人们就会觉察出月球不断地向东移动：每小时大约移动半度，每天移动13°。经过27.3217日，即27日7时43分12秒，完成一次周期运动。

　　由于太阳的引力作用，月球的轨道在不断地变化，白道和黄道的交点不断地沿黄道向西移动，每年约19°4′。经过18.6年交点沿黄道运行一周，所以月球每次公转都沿着新的途径。此外，月球轨道的偏心率、月球轨道拱线也在变化。月球在轨道上的各点还有大小不同的加速度和减速度，所以月球的运动是非常复杂的。

月球的轨道运动

月球每天东升西落的运动是地球自转的反映。月球本身还在恒星间自西向东运动，这种运动是月球围绕地球公转的反映。如果在几小时内连续观察月球相对于某一亮星的相对位置，就会觉察出月球不断地向东移动：每小时大约移动半度，每天移动13°。经过27.3217日，即27日7时43分12秒，完成一次周期运动。

拓展思考

黄 道

黄道，是地球绕太阳公转的轨道平面与天球相交的大圆，由于地球的公转运动受到其他行星和月球等天体的引力作用，黄道面在空间的位置产生不规则的连续变化，但在变化过程中瞬时轨道平面总是通过太阳中心。

由于太阳的引力作用，月球的轨道在不断变化，白道和黄道的交点不断地沿黄道向西（和月球公转方向相反）移动，每年约19°4′。经过18.6年，交点沿黄道运行一周，所以月球每次公转都沿着新的途径。此外，月球轨道的偏心率、月球轨道拱线也在变化。月球在轨道上各点还有大小不同的加速度和减速度。所以，月球的运动是非常复杂的。

从地球眺望月亮，似乎觉得月球并没有自转，因为它总是以同一面向着地球，因为我们总是看到同样的斑点，即"吴刚砍伐桂树"。其实这一点正说明月球在自转，其自转周期恰好与它的公转周期相等：假设月亮公转与自转相等，当月球经过它的轨道的1/4时，它本身也自转了90°的弧，此时月球上的斑点恰好正对着地球了；反之，倘若月球不自转，那么从地球上看月亮的斑点，它将每月转动一周，就不会总是看到月球上同样的斑点。

月球绕地球旋转叫月球的公转。月球的运动是自西向东的，它的轨道同所有天体的轨道一样也是椭圆状的，距地球最近的一点叫"近地点"，而离地球最远的那一点叫"远地点"。这个轨道平面在天球上截得的大圆称"白道"。白道平面不重合于天赤道，也不平行于黄道面，而且空间位置不断变化。周期 173 日。月球轨道（白道）对地球轨道（黄道）的平均倾角为 $5°09'$。

月亮向西运动的证据与它每次西沉的时刻平均要推迟 49 分钟。若相对恒星来说，它的运动周期约 27.3 天，但与此同时，地球本身也在绕日的轨道上前进了一段距离，因此月亮要完成它的一个相位周期，即从新月开始经满月又回到新月就应再增加 2 天多，共计约 29.53 天。因此，相对于背景星空，月球围绕地球运行（月球公转）一周所需时间，即月亮的恒星运动周期约 27.3 天，称为一个恒星月；而新月与下一个新月（或两个相同月相之间）所需的时间，即相对日地连线的运动周期约 29.53 天，称为一个朔望月；朔望月便是月份的依据。

月球约一个农历月绕地球运行一周，而每小时相对背景星空移动半度，即与月面的视直径相当。与其他卫星不同，月球的轨道平面较接近黄道面，而不是在地球的赤道面附近。

很多人不明白，为什么月球轨道倾角和月球自转轴倾角的数值会有这么大的变化。其实，轨道倾角是相对于中心天体（即地球）而言的，而自转轴倾角则相对于卫星。

拓展阅读

农 历

农历是中国长期采用的一种传统历法，它以朔望的周期来定月，用置闰的办法使年平均长度接近太阳回归年，因这种历法安排了二十四节气以指导农业生产活动，故称"农历"，又叫"中历"、"夏历"，俗称"阴历"。

月球的轨道平面（白道面）与黄道面（地球的公转轨道平面）保持着5.145396°的夹角，而月球自转轴则与黄道面的法线成1.5424°的夹角。因为地球并非完美球形，而是在赤道较为隆起，因此白道面在不断进动（即与黄道的交点在顺时针转动），每6793.5天完成一周。期间，白道面相对于地球赤道面（地球赤道面以23.45°倾斜于黄道面）的夹角会在28.60°（即23.45°+5.15°）至18.30°（即23.45°-5.15°）变化。同样地，月球自转轴与白道面的夹角亦会在6.69°（即5.15°+1.54°）至3.60°（即5.15°-1.54°）变化。月球轨道这些变化又会反过来影响地球自转轴的倾角，使它出现±0.00256°的摆动，称为"章动"。

白道面与黄道面的两个交点称为"月交点"——其中升交点（北点）指月球通过该点往黄道面以北；降交点（南点）则指月球通过该点往黄道以南。当新月刚好在月交点上时，便会发生日食；而当满月刚好在月交点上时，便会发生月食。

月球的自转

我们看月球，月面总是呈现出同样的外貌，即是说，月球在围绕地球公转时，总是以同一面对着地球。这种现象的产生说明月球有自转运动。月球在绕地球公转的同时进行自转，周期是27.32166天，正好是一个恒星月，自转方向与周期和地球公转的方向与周期是相同的。由于月球自转周期和地球公转周期相等，所以从地球上只能看到朝向地球的半个月面，无法看到月球背面。这种现象我们称"同步自转"，几乎是卫星世界的普遍规律。一般认为是行星对卫星长期潮汐作用的结果。

在月球上，一昼夜大约等于一个月。为什么月球的自转周期这么长呢？这是由于地球对月球的引潮力长期作用的结果。地球的引潮力使月球向着地球的方向上隆起（潮汐），当月球自转时，月球隆起部分受到地球的引力，仍然保持朝向地球，这种转动方向和月球自转方向相反，这种作用叫"潮汐摩擦"。潮汐摩擦力在很长时期内不断作用着，逐渐使月球的自转变慢，直到隆起部分永远朝向地球，这时月球的自转周期等于月球的公转周期。

知识小链接

引潮力

地球由于受到月球（或太阳）的引力和月球绕地球（或地球绕太阳）公转而产生的离心力合力称为"引潮力"。

▶ 月球的天秤动

月球在围绕地球公转过程中，朝向我们的月面呈现出一种左右、上下的摆动。月球围绕地球的轨道为同步轨道，所谓的同步自转并非严格。由于月球轨道为椭圆形，在近地点运动快，在远地点运动慢。当月球处于近地点时，它的自转速度便追不上公转速度，因此我们可见月面东部达东经98°的地区；相反，当月球处于远地点时，自转速度比公转速度快，因此我们可见月面西部达西经98°的地区。月球公转速度的这种变化就会使地球上的观察者有时看见月面西边缘之外的一小部分，有时能看见月面东边缘之外的一小部分（经度天秤动）。月球的自动轴不和公转轨道垂直，而是成83°21′的倾角。在月球公转过程中，月球自转轴的北端和南端轮流朝向地球，这也会使地球上的观察者有时能直接看到月球北极之外的一小部分，有时又能看到月球南极之外的一小部分（纬度天秤动）。

天秤动是一个很奇妙的现象，由于天秤动的现象，使我们看到的月面不只是一半，而是整个月面的 60%，即整个月面的 3/5。主要有以下原因：①在椭圆轨道的不同部分，自转速度与公转角速度不匹配；②白道与赤道的交角。

地球与月球间的相互作用

地球与月球互相绕着对方转，严格来说，地球与月球围绕共同质心运转，共同质心距地心 4700 千米（即地球半径的 2/3 处）。由于共同质心在地球表面以下，地球围绕共同质心的运动好像是在"晃动"一般。从地球北极上空观看，地球和月球均以逆时针方向自转，而且月球也是以逆时针绕地运行，甚至地球也是以逆时针绕日公转的。

地球与月球

自月球形成早期以来，地球便一直受到一个力矩的影响引致自转速度减慢，这个过程称为"潮汐锁定"。亦因此，地球自转的部分角动量转变为月球绕地公转的角动量，其结果是月球以每年约 38 毫米的速度远离地球。同时地球的自转越来越慢，一天的长度每年变长 15 微秒。

月球的正面永远都是向着地球，其原因是潮汐长期作用的结果。另外一面，除了在月面边沿附近的区域因天秤动而间或可见以外，月球的背面绝大部分不能从地球看见。在没有探测器的年代，月球的背面一直是个未知的世界。月球背面的一大特色是几乎没有月海这种较暗的月面特征。而当人造探测器运行至月球背面时，它将无法与地球直接通信。

知识小链接

角动量

角动量是指物体绕轴的线速度与其距轴线的垂直距离的乘积。每单位质量气块的绝对角动量是其相对地球的角动量和地球自转产生的角动量之和。

如果你到过海滨，你一定会注意到海水每天的涨潮和落潮。在涨潮时，海水有时会涨起来好几米到十来米。几个小时之后，开始落潮，留下了一片空旷的海滩。海水的涨落主要受月球引力的影响，受太阳的影响比较小。

在新月和满月阶段，地球、太阳和月球三者在一条直线上，月球和太阳对地球的引力相加，引起特别高的高潮，叫作"大潮"。月球呈现为上弦或下弦的位相时，月球和太阳的方向在地球处形成直角，这时，月球和太阳对地球的引力有所抵消，其结果是地球上出现较低的低潮，叫作"小潮"。

由于亿万吨海水不断地流过来、流过去，对海洋底部产生不小的摩擦，它好比是个加在地球自转速率上的制动器。地球自转变慢了，日的长度就加长，其结果是大约每10万年加长1秒。

◆ 月球为什么能留在轨道上

把一个重物绑缚在线上，拿着线，让重物绕着你的头转，它划出个圆圈。原因很简单，同时有两个方向相反的力作用在这个重物上，一种叫作切向速度的力总是想让重物沿直线飞出去，如果你把线放开，它就会真的那样，可是你手中拿着的线又把它拉了回来，结果是，重物沿着圆周转圈。由于类似的原因，月球沿着圆周围绕地球运行。切向速度时刻想使月球沿直线飞离地球，速度为每小时3600多千米。可是，地球引力也起着类似绳子那样的作用，它把月球拉向地球。于是，月球就这样周而复始地绕着地球转圈子。

载着宇航员的空间飞行器之所以能够留在环绕地球运行的轨道上，也是这个道理。如果宇航员想使飞船返回地球，他只要启动一个制动火箭，使飞船的轨道速度变慢，从而破坏了力的平稳，飞船于是就返回到地球大气层里来。那么月球永远能留在绕地球的轨道上吗？

我们在前面讲过，潮汐摩擦对于地球自转起着制动的作用，使得自转变慢，一天的时间变长，大约每个世纪长千分之一秒。看来，这种变化是微乎其微的，似乎根本不必去考虑。可是，经过以亿万年计的日积月累之后，它最终会影响到月球的命运，成为月球破裂、崩溃而趋于毁灭的原因。

当地球和月球处于液态的历史阶段期间，潮汐摩擦对于这两个天体来说，都曾起过作用，正像现在对海水起的作用一样；对月球所起作用的结果是使它绕轴自转周期变得刚好与它绕地球公转的周期一模一样。

基本小知识

潮汐摩擦

潮汐摩擦是指天体发生潮汐形变时，天体物质因黏性或摩擦而产生的能量耗散现象。

现在，由于地球自转速度每一百年变慢千分之一秒，月球轨道就相应而缓慢地变得越来越大，带来的结果是月球离地球越来越远，一个月的时间也越来越长。

潮汐摩擦所带来的变化，过去、现在和将来都在缓慢地进行着。原先，地球自转一周或者说一个地球日由原来的还不到 5 个小时，逐渐延长到了现在的 24 小时；一个月的长短过去与原先的地球日一样，现在则已经加长到约 28 天。

经过计算，天文学家们认为地球自转变慢到一个地球日和一个月都是现在的 55 倍时，地球将老是以同一面对着月球，正像现在月球一直以同一面对着地球一样。在那非常遥远的将来，如果海洋还存在的话，如果海洋里还存在海水的话，那么，在月球下面的海洋里将永远是高潮，月球也就不会再产生潮汐摩擦了。月球和地球将被固定在围绕两者公共重心的轨道上。地球日的长度为现在的 55 倍时，就不再继续变长。

之后，月球与地球之间的关系将反过来。地球的自转将又一次加快，而月球则变慢，于是，月球将一步一步地接近地球。这个过程将一直继续到月球最后离地球如此之近，而在地球潮汐力作用下被碾碎。被粉碎了的月球物质并不落到地球上来，而像土星环那样，会聚在一起在地球周围形成若干条环。

请注意，我们这里所说的关于地球和月球的"奇"事，在未来的数十亿年之内是不会发生的。

月球的地貌特征

月球表面崎岖不平，从大的构造来分主要有陆区和月海。

在明净的夜晚，当一轮圆月悬挂空中之时，我们不难发现月球表面有明暗相对的两部分，其实月球表面的地形特征就是有明暗的分区。早期的天文学家在观察月球时，以为发暗的地区都有海水覆盖，因此把它们称为"海"，著名的有云海、湿海、静海等。在月球上几乎没有大气和水分。月面上阴暗部分，其面积较大的是"海"，较小的是"湖"、"湾"或"沼"。

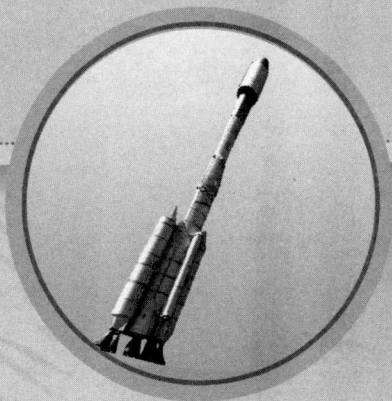

地貌简述

　　有史以来，人们的眼睛一直注视着月亮，思索着和进行着各种猜测。但是，用肉眼观测是看不出多大名堂来的，因而他们说不出多少关于月球的事。历史上第一个从远处比较清楚地观赏月球的人，是一位意大利科学家，他就是伽利略。

　　伽利略对观测天体很有兴趣，使他遗憾的是他无法把它们看得很清楚。

　　1609 年，他听说一位叫汉斯·里帕席的荷兰眼镜商发明了一种奇异的管子，在管子里只放几片透镜，就使得远处的人和树等好像在眼前一样。里帕席称它为"魔管"。伽利略很快对这新玩意儿有所发展。他选用了质量比较好的透镜，把它们在管子中的位置调整到最佳状态，就这样制造成了一架望远镜。

伽利略

知识小链接

伽利略

　　伽利略（1564—1642），意大利物理学家、天文学家和哲学家，近代实验科学的先驱者。由于他最先把科学实验和数学分析方法相结合并用来研究惯性运动和落体运动规律，为牛顿对第一运动定律和第二运动定律的研究铺平道路，所以常被认为是现代力学和实验物理的创始人。

我们完全可以想象得到，当他把自己制造的望远镜第一次对准月亮时，他该是多么激动！在人类历史上第一次，他看到了月球表面的环形山、山脉和大面积的平原。因为这些平原显得比较平滑，没有太多的其他特征，有点像是大片的水面，伽利略把它们叫作"海"。

当然，伽利略制造的第一架望远镜是简陋的、粗糙的，可是，对于那些告诉了我们那么多月面知识的巨大望远镜来说，它是当之无愧的"老祖宗"。

基本小知识

望远镜

望远镜是一种利用凹透镜和凸透镜观测遥远物体的光学仪器。它的光学原理是，光线通过透镜的折射或被凹镜反射进入小孔并会聚成像，再经过一个放大镜而被看到。又称"千里镜"。

月球表面崎岖不平，从大的构造来分，主要有陆区和月海。

在明净的夜晚，当一轮圆月悬挂空中之时，我们不难发现月球表面有明暗相对的两部分，其实月球表面的地形特征就是有明暗的分区。早期的天文学家在观察月球时，以为发暗的地区都有海水覆盖，因此把它们称为"海"，著名的有云海、湿海、静海等。在月球上几乎没有大气和水分。月面上阴暗部分，其面积较大的是"海"，较小的是"湖"、"湾"或"沼"。其实月面上的"海"是徒有虚名的，它滴水不含，是低洼的大平原，其中最大的平原是"风暴洋"。而明亮的部分是山脉，那里层峦叠嶂，山脉纵横，坑穴密布，沟壑纵横，这就是月球上

复杂的月球表面

所谓的"陆"。"陆"比"海"平均要高出约 1500 米。

有幸通过天文望远镜观测月球的人，首先感到奇怪的是月面上分布许多大大小小的"气泡"似的环形结构。仔细再看，它们类似地球上的火山口，它们分布极广，星罗棋布，大小差别很大，他们称这种环形结构叫"环形"。月面上有的区域环形山非常密集，有的环形山还有重叠的结构，大多数环形山都以地球上著名的科学家的名字命名。如哥白尼环形山、第谷环形山、牛顿环形山等。月球背面还有以我国古代著名科学家的名字命名的环形山，如：张衡环形山、祖冲之环形山、郭守敬环形山和石申环形山等。环形山实际上是一块被围起来的洼地，其底部凹陷下去，四周台垣比里面高出数千米。位于南极附近的贝利环形山直径 295 千米，可以把整个海南岛装进去。最深的山是牛顿环形山，深达 8788 米。除了环形山，月面上也有普通的山脉，高山和深谷更别有一番风光。

你知道吗

张衡环形山

环形山是月面上最显著的地貌特征。环形山多以著名科学家的名字命名。为了纪念张衡在天文学上的贡献，人们将月球背面的一环形山命名为"张衡环形山"。

月面上也有许多高大的山系，它们用地球上著名的山脉名字命名。如在南海地区有陡峭的高加索山脉、亚平宁山脉和阿尔卑斯山脉。

在月面结构中，还有湾、湖、月谷、月溪、断裂和辐射纹等结构。

月球是地球的近邻，它在很多方面确实类似地球。但是，月面直接受到流星体、太阳风和宇宙线袭击和强辐射，月球上的白天和黑夜各相当于地球上的两个星期，这些月面环境状况，使得整个月面既保存了各个演化时期的原始风貌，也保留着遭受太空物质侵袭的痕迹。同时，月球向着地球的一面和背着地球的一面尽管有差异，但是差别不大。

🔖 环形山

月球表面的最大特征是布满着大小不等的环形山。环形山这个名字是伽利略起的。它是月面的显著特征，几乎布满了整个月面。最大的环形山是南极附近的贝利环形山，直径 295千米，比海南岛还大一点。以月球环形山"亚军"克拉维环形山来说，如果有位探险者站在这个直径 230 多千米的环形山中央，他只会看到四周

月球表面布满了大大小小的环形山

的"月平线"（月球上的地平线自然该称作"月平线"），而看不到环形山的环壁。小的环形山甚至可能是一个几十厘米的坑洞。直径不小于 1000 米的环形山大约有 33 000 个，占月面表面积的 7% ~ 10% 。

有个日本学者在 1969 年提出一个环形山分类法，他把环形山分为克拉维型（古老的环形山，一般都面目全非，有的还山中有山）、哥白尼型（年轻的环形山，常有"辐射纹"，内壁一般带有同心圆状的小山，中央一般有中央峰）、阿基米德型（环壁较低，可能从哥白尼型演变而来 ）、碗型和酒窝型（小型环形山，有的直径不到 1 米）。

月球表面的一个陨石坑，其直径在 30 千米左右，它位于月球的背面

科学家正努力工作，想找出形成

环形山的真正原因。有人认为，一些小的环形山口可能是月球形成阶段火山活动的结果。1958 年和 1959 年，确实有位天文学家报道说，他观测到了从阿尔卑斯环形山内喷发出气体的现象。如果他的观测结果是可靠的，那就不仅说明月球内部是炽热的而且处于气体状态，还足以表明月球面上存在火山活动的可能性是很大的。

因为只有少量环形山的形态与地球上的火山口相象，不少人相信多数环形山是由于从空间来的大陨星猛烈撞击月面而留下的痕迹。有的科学家认为，一个陨星以一定的角度袭击月球而形成椭圆状的环形山，由于撞击产生的高温而使环形山变成圆形。另外的科学家提出争辩意见，认为陨星不管以什么角度撞击月面，形成的环形山都应该是圆形的。绝大多数环形山确实也都是圆形的。

能产生大环形山的陨星，应该是相当大的，所引起的那种类似爆炸的现象，比最强有力的原子弹也许还要强好几千倍。月球是经常不断地被这类大大小小的陨星撞击着的。

知识小链接

原子弹

原子弹是核武器之一，是利用核反应的光热辐射、冲击波和感生放射性造成杀伤和破坏作用，以及造成大面积放射性污染，阻止对方军事行动以达到战略目的的大杀伤力武器。

地球也经常受到陨星的撞击。不同的是，当一个陨星闯入到比较浓密的大气层时，由于与大气分子相撞而产生的热，使陨星燃烧、气化而成为尘埃。在这过程中，陨星发亮而被我们看到，这就是流星。有时候，陨星体比较大，其烧剩的部分落到地球上来，或者是一块铁质般的物体，或者是石质的，这主要根据陨星本身的性质而定，这就是一般所说的陨星或叫陨石。

月球周围没有大气，陨星就有可能全力撞击月球而不受到任何阻碍，从而在月面上撞出一片比较大的凹陷地。

地球上的风和雨在不停地侵蚀地球表面，使它改变面貌，并逐渐抹掉地质现象，为地球留下痕迹。月球是没有这种风和水的侵蚀作用的。因此，月面上一旦留下什么痕迹，就永远保持原样。

地球上的陨石坑

可以这么说，自从望远镜发明以来的 400 年间，还没有看到过在月面上形成新的、足够大的环形山。我们可以得出这样的结论，在最近几百年里乃至几千年里，月球受到陨星、特别是大陨星袭击的几率，远没有它在早期受到的那么多。

月　海

所谓月海，其实就是我们从地球上看到的暗色的区域，主要由玄武岩组成。因为玄武岩的反射率平均只有 6%，当阳光照射时，它吸收了 94% 的阳光，所以看上去比周围月陆区要暗一些。月海就是月球上广大的平原或开阔地，或者说，只是些覆盖着尘埃的沙漠。

现在已知整个月球表面有 22 个月海，此外还有些地形称为"月海"或"类月海"的。公认的 22 个月海

月　海

月球的正面

绝大多数分布在月球正面。月球背面的月海少而小，有三四个在边缘地区。在正面的月海面积略大于50%，其中最大的"风暴洋"面积约500万平方千米，差不多的是9个法国的面积总和。大多数月海大致呈圆形、椭圆形，且四周多被一些山脉封闭住，但也有一些"海"是连成一片的。除了"海"以外，还有5个地形与之类似的"湖"——梦湖、死湖、夏湖、秋湖、春湖，但有的"湖"比"海"还大，比如梦湖面积7万平方千米，比汽海等大得多。月海伸向陆地的部分称为"湾"和"沼"，都分布在正面。湾有5个：露湾、暑湾、中央湾、虹湾、眉月湾；沼有腐沼、疫沼、梦沼3个，其实"沼"和"湾"没什么区别。

向着地球这面有19个月海，分别是：风暴洋、雨海、澄海、静海、丰富海、酒海、危海、冷海、史密斯海、云海、汽海、湿海、洪堡德海、蛇海、泡海、浪海、界海、地海和知海。月球背面有3个月海：东海、莫斯科海和智海。

知识小链接

风暴洋

风暴洋是月面上宁静而辽阔的平原，而且是月面上最大的平原，唯一的"洋"。风暴洋位于月球西半球，四周有小型的月海，如南面的云海、北侧的雨海等。

月海的地势一般较低，类似地球上的盆地。月海比月球平均水平面低一两千米，个别最低的"海"如雨海的东南部甚至比周围低6000米。月面的返照率（一种量度反射太阳光本领的物理量）也比较低，因而看起来显得较黑。

早期用简陋望远镜观测月球的天文学家们，不了解月球实际上是个无生命、无水的天体，相反，他们推测月球应该与地球一样，部分表面覆盖着海洋和江湖河沼等水面。尽管如此，科学家们同意保留当初定下的"海"这个现在看来不那么确切的名称。不过，在月球演化史早期的某个阶段，那时，它刚形成不久，这些"海"里可能确实充满着处于熔融状态的岩浆。

知识小链接

盆 地

盆地，是世界五大基本陆地地形之一，其特征是四周高、中部低，因盆状名之。在全球分布广泛。

由于月海比较平坦、开阔而有回旋余地，而不像崎岖的山地那样容易发生事故，第一艘载人登月飞行的"阿波罗11号"所携带的"鹰"登月舱，就选择静海作为着陆点。

◐ 月陆和山脉

月陆是月面隆起的古老的高地，平均高出月海2~3千米。对着地球这半球上的月陆占这半球面积的70%。月球背面的月陆则占另一半球面积的97.5%。月陆主要由浅色的斜长岩组成。月陆的反光率约为17%，因此看上去要比月海明亮得多。在月球正面，

月球上山峰的阴影是由于太阳照射形成的

月陆的面积大致与月海相等，但在月球背面，月陆的面积要比月海大得多。从同位素测定知道月陆比月海古老得多，是月球上最古老的地形特征。

在月球上，除了犬牙交错的众多环形山外，也存在着一些与地球上相似的山脉。月球上的山脉常借用地球上的山脉名，如阿尔卑斯山脉、高加索山脉等，其中最长的山脉为亚平宁山脉，绵延 1000 千米，但高度不过比月海水平面高三四千米。山脉上也有些峻岭山峰，过去天文学家对它们的高度估计偏高，现在认为大多数山峰高度与地球山峰高度相仿，最高的山峰（亦在月球南极附近）也不过 9000 米。月面上 6000 米以上的山峰有 6 个，5000 ~ 6000 米 20 个，4000 ~ 5000 米则有 80 个，1000 米以上的有 200 个。月球上的山脉有一个普遍特征：两边的坡度很不对称，向"海"的一边坡度甚大，有时为断崖状，另一侧则相当平缓。

除了山脉和山群外，月面上还有 4 座长达数百千米的峭壁悬崖，其中 3 座突出在月海中，这种峭壁被称为"月堑"。

月面辐射纹

月面上最耐人寻味的秘密之一，是一些较"年轻"的环形山周围常带有美丽的"辐射纹"。所谓辐射纹，指的是从一些较大的环形山，像第谷、哥白尼、开普勒等环形山，向四面八方延长开去的亮线状构造。它几乎以笔直的方向穿过山系、月海和环形山。第谷环形山的辐射纹特别引人注目，至少有 12 条，而且在满月时看起来非常明亮，最长的一条长 1800 千米，一直延伸到月球背面。哥白尼和开普勒两个环形山也有相当美丽的辐射纹。部分小环形山也有辐射纹。据统计，具有辐射纹的环形山有 50 个。

迄今还没有一个人能够确切地说清楚这些辐射纹最初是怎么形成的，或者阐述明白它们究竟是由什么东西组成的。实质上，它与环形山的形成理论有密切联系。一般都是这样认为的：陨星撞击月面而形成环形山的同时，使原先在环形山口内的一部分物质向四面八方溅射开去，而后回落到月面，形成辐射纹。

我们可以做个简单的实验。在一张黑纸上，放上一小堆白粉末，用钢匙的背部突然猛击粉末堆中央，你会看到粉末溅射并落在四周，这情景与辐射纹的形成也许有点相象。

由于月球上没有空气、没有风来干扰落在环形山周围的那些溅落物，

月面辐射纹

它们能一直原封不动地保持着当初形成时的模样。

另一种观点则认为，陨星袭击月面而形成环形山时，把原先在月球表面以下的、轻而带色彩的物质，从环形山口向外抛出而成为辐射纹。陨星撞击而产生高温和类似爆炸那样的现象，于是把月球物质熔化为玻璃质那样的东西。玻璃质粒子比较容易反射光线，同时也可以比较容易地解释为什么辐射纹的亮度随着月相的变化而变化。

👁 月谷 （月溪）

月球上除了有月海、月陆、山脉、月坑和环形山等地理特征外，在月球表面不少地区还可以看到一些暗色的大裂缝，弯弯曲曲绵延数百千米，宽达几千米，甚至几十千米，看起来很像地球上的沟谷，这种地貌类型中较宽的被称为"月谷"，较细长的被称为"月溪"。

图中有两个月坑，左边是直径 40 千米的阿里斯塔克坑，右边是直径 35 千米的赫罗多特坑，两个月坑之间是克白拉峰。以克白拉峰为源头蜿蜒伸出一条宽 8～10 千米、长 150 千米的月谷——施罗特里月谷

在雨海东部平原上的哈德利月溪，是月面上最清晰的弯曲月溪之一，它位于"阿波罗 15 号"飞船的着陆点附近，因此人们对它研究得最为清楚。哈德利月溪长度超过 100 千米，宽 1.5 千米，溪底深度达 400 米。该月溪两壁岩石露头非常新鲜，很好地展现了月球表面的物质构成和构造演化史。从剖面来看，其上部是月表土壤，厚达 5 米，其下是不同厚度的岩块和碎屑角砾层，它们是由不同时期的撞击作用或火山作用形成的，再下是山麓堆积物和坚硬而完整的基岩。

通过对月谷和月溪影像的详细分析、实地考察和岩石样品的分析研究，科学家认为，月谷和月溪有多种形成方式：与地球上"V"形谷相似的月谷和弯曲的月溪，可能在大约 40 亿年前，即月球形成的早期，由水的流动造成的；有的月溪和月谷也可能是因火山爆发产生的熔岩流的流动形成的；还有些月溪、月谷是陨星撞击月表时留下的辐射线的残余；个别月溪、月谷甚至是许多小月坑成排分布造成的裂缝，如月面中央著名的希金努斯裂隙。

◉ 月球火山的分布

月球的表面被巨大的玄武熔岩（火山熔岩）层所覆盖。早期的天文学家认为，月球表面的阴暗区是广阔的海洋，当然这是错误的，这些阴暗区其实

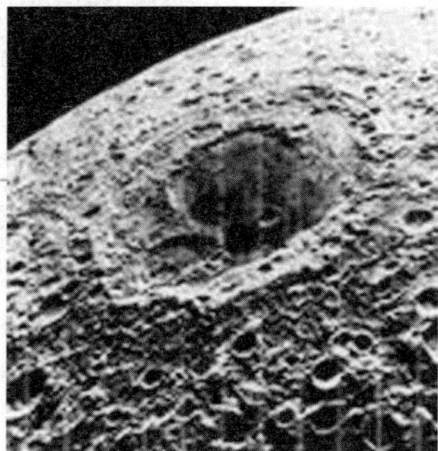

月球上的火山

是由玄武熔岩构成的平原地带。除了玄武熔岩构造，月球的阴暗区还存在其他火山特征，例如蜿蜒的月面沟纹、黑色的沉积物、火山圆顶和火山锥。不过，这些特征都不显著，只是月球表面火山痕迹的一小部分。

与地球火山相比，月球火山可谓老态龙钟。大部分月球火山的年龄在30亿～40亿年；典型的阴暗区平原，年龄为35亿年；最年轻的月球火山也有1亿年的历史。而在地质年代中，地球火山属于青年时期，一般年龄皆小于10万年。地球上最古老的岩层只有3.9亿年的历史，年龄最大的海底玄武岩仅有200万岁。年轻的地球火山仍然十分活跃，而月球却没有任何新近的火山和地质活动迹象，因此，天文学家称月球是"熄灭了"的星球。

地球火山多呈链状分布。例如安第斯山脉，火山链勾勒出一个岩石圈板块的边缘；夏威夷岛上的山脉链，则显示板块活动的热区。月球上没有板块构造的迹象。典型的月球火山多出现在巨大古老的冲击坑底部。因此，大部分月球阴暗区都呈圆形外观。冲击盆地的边缘往往环绕着山脉，包围着阴暗区。

拓展阅读

安第斯山脉

安第斯山脉属于科迪勒拉山系，从北到南全长8900余千米，是世界上最长的山脉，纵贯南美大陆西部，素有"南美洲脊梁"之称。

月球阴暗区主要出现在月球距地球较远的一侧，几乎覆盖了这一侧1/3

的面积；而在较远一侧，阴暗区的面积仅占2%。然而，较远一侧的地势相对更高，地壳也较厚。由此可见，控制月球火山作用的主要因素是地表高度和地壳厚度。

拓展阅读

夏威夷岛

夏威夷岛是北太平洋夏威夷群岛中的最大岛，为美国夏威夷州的一部分。面积10 458平方千米，呈马鞍形，多火山。南面有冒纳罗亚火山，北面有冒纳开亚火山。冒纳罗亚火山口直径达5千米，常有熔岩喷出，是世界著名的活火山之一。

月球的地心引力仅为地球的1/6，这意味着月球火山熔岩的流动阻力较地球更小，熔岩行进更为流畅。这就可以解释为什么月球阴暗区的表面大都平坦而光滑。同时，流畅的熔岩流很容易扩散开，因而形成巨大的玄武岩平原。此外，地心引力小，使得喷发出的火山灰碎片能够落得更远。因此，月球火山的喷发，只形成了宽阔平坦的熔岩平原，而非类似地球形态的火山锥。这也是月球上没有发现大型火山的原因之一。

月球上没有溶解的水。月球阴暗区是完全干涸的。而水在地球熔岩中是最常见的气体，是激起地球火山强烈喷发的重要因素之一。因此，科学家认为，缺乏水分也对月球火山活动产生巨大影响。具体地说，没有水，月球火山的喷发就不会那么强烈，熔岩或许仅仅是平静流畅地涌出地面。

月球地貌是如何形成的

月面上山岭起伏，峰峦密布，没有水，大气极其稀薄，大气密度不到地球海平面大气密度的一万亿分之一。月球上没有火山活动，也没有生命，是一个平静的世界。已经知道的月海有 22 个，总面积 500 万平方千米。从地球上看到的月球表面，较大的月海有 10 个：位于东部的是风暴洋、雨海、云海、湿海和汽海，位于西部的是危海、澄海、静海、丰富海和酒海。这些月海都被月球内部喷发出来的大量熔岩所充填；某些月海盆地中的环形山也被喷发的熔岩所覆盖，形成了规模宏大的暗色熔岩平原。因此，月海盆地的形成以及继之而来的熔岩喷发，构成了月球演化史上最主要的事件之一。

月球上的陨击坑通常又称为环形山，它是月面上最明显的特征。环形山又称为"碗状凹坑结构"。环形山的形成可能有两个原因，一是陨星撞击的结果，二是火山活动；但是大多数的环形结构均属于陨星的撞击结果。1924 年，吉福德曾把月坑同地球上的陨石坑作了比较，证实了月坑是陨星撞击形成的。因此，陨击作用是形成现今月球表面形态的主要作用之一。许多大型环形山都具有向四周延伸的辐射状条纹，并由较高反射率的物质所组成，形成波状起伏的地形，向外延伸可达数百千米。环形山周围有溅射出来的物质形成的覆盖层；溅射的大块岩石又撞击月球表面，形成次生陨击坑。由于反复的陨星撞击与岩块溅落以及月球内部喷出的熔岩大规模泛滥，使得许多陨击坑模糊不清，或只有陨击坑中央的尖峰露出覆盖熔岩的表面。

从叠加在月海上的陨击坑的状况判断，以及从月球上带回样品的放射性年龄测定表明，月海物质大致是与陨击坑同时期形成的。月海年龄大都在 35 亿年左右，而月陆高地的形成至少在月海熔岩喷发之前 10 亿多年已经存在，因此原始月壳是更为早期时形成的，并且是因大量熔岩的不断喷发，月球物质长期圈层分化的结果。研究表明，月球的圈层结构是继大约 46 亿年前它所经历的一个漫长的天文演化阶段之后，又一个持续了约 10 亿年之久的圈层分化过程。月球表面陨击坑的直径大的有近百千米，小的不过 10 厘米，直径大于 1 千米的环形山总数多达 33 000 个，占月球表面积的 7% ~10%，最大的陨击坑直径为 235 千米。在月球背向地球的一面，布满了密集的陨击坑，而月海所占面积较少，月壳的厚度也比正面厚，最厚处达 150 千米，正面的月壳厚度为 60 千米左右。由于月球表面之上缺乏大气圈和水圈，所以月球早期的熔岩喷发和陨星撞击形成的月球表面形态特征能够得到长期保存。自 1969 年以来，宇航员已从月球表面取回数百千克的月岩样品，经过对这些月岩样品的研究分析得出结论，这些月岩曾熔化过，月球表层物质主要是岩浆岩组成。

知识小链接

宇航员

宇航员是指经过训练能驾驶航天器或在航天飞行中从事科学研究的人。

月球的地形分布

按国际统一规定，月球上的方向与地球上的相同：上北下南，左西右东。

所谓的月球东部，自然是向着我们这一面的右边，月球东部的地形和地势是错综复杂的。月海基本上都在赤道附近，越向两极，地势越高，环形山越多。

所谓的月球中部，是在南、北纬20°和东、西经20°之间的月面，即东西和南北各1200千米的月轮中心区。

月球北部，一般是指月面北纬50°以上的地区。不论直接赏月还是通过望远镜观测，都会发现这里既无月面东、西部那样以月海为主的明显特色，又没有月面南部那样绵延千里的山地特征，似乎是月面边缘一隅沉静之地。

月面南部的陆地与月面的月海形成了鲜明的对比，这是因为月陆主要是由斜长岩组成，对阳光的反射率较高。通过天文望远镜观察，会发现这里密布着大大小小的环形山，给人以千疮百孔之感，是典型的月面山区。

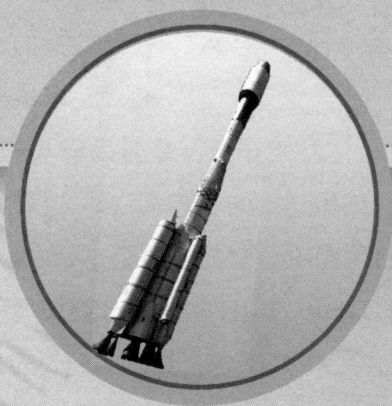

▶ 东部的山和 "海"

按国际统一规定，月球上的方向与地球上相同：上北下南，左西右东。所谓月球东部，自然就是向着我们这一面的右边。

凭直接观察，人们可以发现月球东部的两个特点：东部的"海"比西部的"海"面积小，而东部的"海"基本上分散成一块一块的，很像地球上的盆地；东部比西部要显得明亮一些。实测结果也是如此，若以满月的亮度为100的话，上弦月为8.3，下弦月为7.8。

拓展阅读

比利牛斯山脉

比利牛斯山脉是欧洲西南部最大山脉。法国和西班牙两国界山，安道尔公国位于其间。西起大西洋比斯开湾畔，东止地中海岸，长约435·千米。一般宽80～140千米，东端宽仅10千米，中部最宽达160千米。海拔大多在2000米以上。

月球东部的地形和地势是错综复杂的。月海基本上都在赤道附近，越向两极，地势越高，环形山越多。在东部共有3条山脉：澄海东侧的金牛山脉、丰富海与酒海之间的比利牛斯山脉和澄海与汽海之间的海码斯山脉。这些山脉都环绕着月海，和月海构成统一的演化单元：澄海和静海之间的阿格厄斯山，高达几千米，形成澄海和静海的分水岭；酒海南部的阿尔泰峭壁长达几百千米，是月面最长的峭壁，很像酒海的外"堤"；科希峭壁则像是从静海东延伸到静海中的"栈桥"。还有2条月溪：连接静海和中央湾的阿里亚代斯月溪、静海西侧的海帕塔月溪。1个海角：澄海和静海之间的阿切鲁西亚海角。1条月谷：在丰富海之南的环形山之间的勒伊塔月谷，长约500千米，宽约20千米，是月面最长的月谷。2个湖：澄海东北的死湖与梦湖。死湖的面积约 2 万平方千米。一些比较著名的环形山带有辐射纹，如：朗格林诺斯环形山，直径约为 130 千米，辐射纹长约 1500 千米；捷奥菲勒斯环形山，直径约 100 千米，底部平坦，辐射纹长约 1000 千米；弗涅里厄斯环形山，直径约 20 千米，辐射纹长约 200 千米；斯梯文环形山，直径 25 千米，辐射纹长约 600 千米。在东部边缘主要有高斯环形山、尼玻环形山、吉尔伯特环形山、洪堡德环形山、李约环形山等。这些环形山有时可见，有时隐藏到月球背面。在静海里的西北部有 3 个环形山，靠近澄海的是普林尼斯环形山，它的南面有罗斯莱山和阿拉果环形山。从这 3 个环形山的外形看，都是在静海形成后出现的，属于较年轻的环形山。与此相反，在酒海最南端的弗拉卡斯托特里斯环形山是一个古老的环形山，它的环壁成锯齿形，并且有一部分环壁已被酒海熔岩物质掩埋，类似雨海西北部的虹湾。酒海被比利牛斯山脉和阿尔泰峭壁所围。有的月面学家认为，酒海周围的"沉陷"地形，过去曾是一个直径 1000 千米以上的巨大类月海，后来一部分被熔岩覆盖，这就是酒海，一部分周壁就是阿尔泰峭壁和比利牛斯山脉。

东部月海的特征，第一是海的数量多，月球向着我们这面共有 19 个月海，东部占 12 个；第二是独立的海多。除靠近月面中部的澄海、静海和酒海相通相连外，其他 9 个月海都是孤居一地；第三是海的总面积比西部小，大约 190 万平方千米，还不到风暴洋面积的一半；第四是海的分布广；第五是有"时隐时现"的海。由于月球受天秤动影响，地处东海缘的界海、史密斯海、洪堡德海和南海，有时可见，有时看不见；第六是海外形呈六边形。

所谓"界海"，就是因为它地处可见面和背面之间的投影线上。长期对月球进行观测就会发现它"时隐时现"。其实，何止界海"时隐时现"，凡是在这个经度范围内的月面都是如此。

1969 年 7 月 21 日，美国"阿波罗 11 号"载人宇宙飞船的登月舱降落在静海西南部靠近赤道的地方（东经23°26′、北纬0°41′），揭开了人类亲临月球探索的新纪元。航天员在静海着陆点采回月壤和月尘。根据研究，这里的岩石年龄在34亿~37亿年，为月面中等岩石年龄。样品表明：这里没有含水的矿物质；这些表面物质是受冲击产生的；钛铁矿的含量比地球上大多数的玄武岩要高；在石屑碎块中发现一种新硅酸盐矿物，被命名为"静海石"，这是月海玄武岩晚期结晶作用的产物。

1972年12月11日，"阿波罗17号"载人宇宙飞船的登月舱在澄海东南高地着陆（东经30°45′、北纬20°10′），这是人类到达月球最东面的地区。在着陆的两名宇航员中，有一位是美国哈佛大学的地质学家施米特。他们乘月球车在月面上活动3次，共22小时5分，是6次"阿波罗"宇宙飞船登月中，在月面活动时间最长的一次，带回115千克岩石样品。

知识小链接

哈佛大学

哈佛大学是美国最早的私立大学，是以培养研究生和从事科学研究为主的综合性大学。哈佛大学被誉为美国政府的"思想库"。这里先后诞生了8位美国总统，40位诺贝尔奖得主和30位普利策奖得主。其商学院案例教学盛名远播。

1970年9月20日，前苏联无人驾驶的"月球16号"自动探测器降落于丰富海，取回100克月壤样品。1972年2月21日，无人驾驶的"月球20号"在丰富海东北山区着陆，取回50克月壤。1976年8月18日，无人驾驶的"月球24号"在危海着陆，取回月壤170克。由此可见，前苏联主要是集中力量对月球东部海区进行探索。

◑ 中部的 "特区"

所谓月球中部是这样划分的：在南、北纬20°和东、西经20°之间的月面，即东西和南北各1200千米的月轮中心区。称这里为"特区"，一是因为这里是月轮东、西、南、北四个半球特征的交织地区，地形和地势更为错综复杂，月陆、月海、山系、月湾、月溪、直壁、峭壁以及年轻和年老的环形山应有尽有；二是这里有月面坐标的起算点；三是与月轮的其他部分相比，这里的地形和地势基本上都以正面朝向地球；四是这里是人类直接探索最多的区域。

在月球中部的北面，地形复杂，地势险峻。月球上最长的阿尔卑斯山脉和海码斯山脉构成"人"字形从正北伸向这里。两座大山之间夹着一块平原，就是汽海。汽海的面积大约是5万平方千米，是月面中央区唯一独立的月海。阿尔卑斯山脉是风暴洋和汽海之间的屏障；海码斯山脉是澄海和汽海的分水岭。汽海之南和中央湾相通，中央湾又与它西部的暑湾相连，它们都是风暴洋伸向中部陆地的海域。中央湾，顾名思义，它地处月轮的中心区。希金努斯月溪处在中央湾和汽海之间的海面上，长约200千米，宽约5千米。长约230千米，宽约5千米的阿里亚代斯月溪使中央湾与东部的静海隔陆相连。中央湾的东部和南部全是陆地。"特区"西部海岸的海陆交错，形成许多湾、角、岛与半岛等地形。就整个中部地势来说，构成了东高西低的月貌。

这里的环形山虽然不多，但是环形山的类型不少，"老中青"俱全。

托勒密环形山：这是以古希腊著名的天文学家托勒密（约90—168）的名字命名的。它位于南部高地上，直径约150千米，环壁高2400米，属于较为古老的环形山。通过天文望远镜看去，它像一个巨大的环形盆地，里面十分平坦。然而在最佳的观测条件下，天文学家已经发现它上面有几百个小的环形山，直径都在 600 米以上。很明显，这些小环形山都比托勒密环形山年轻，属于后生的"小字辈"。有人推测，托勒密环形山形成的时代为月面大多数环形山形成的时期。

　　阿尔芬斯环形山：这是以西班牙一位热爱天文学的国王阿尔芬斯（1223—1284）的名字命名的。它直径约 120 千米，环壁高 2730 米，紧挨在托勒密环形山的南侧。阿尔芬斯环形山的底部有中央丘，右边有 2 条像月溪似的裂缝。在 1955 年、1957 年、1958 年、1961 年、1963 年、1969 年曾有人观测到阿尔芬斯环形山有明暗和色彩的变化，这是由于该环形山有火山活动，从月球内部喷出的气体而形成的。最有意义的是 1958 年 11 月 2 日至 3 日的夜间，前苏联天文学家科齐列夫在克里米亚天体物理天文台发现阿尔芬斯环形山的中央丘有明暗变化，并立即拍下了它的光谱照片。这说明月球并不是一个"平静"的世界，而是一个仍有火山活动的天体。

基本小知识

克里米亚

　　克里米亚是黑海北部海岸上的一个半岛，也是乌克兰的一个自治共和国，首府是辛菲罗波尔。面积 25 500 平方千米，它的名字源自塔塔尔语"克里木"，是鞑靼人最早期汗王的名字。

　　喜帕恰斯环形山：这是以古希腊的天文学家和数学家喜帕恰斯（约前 190—前 125）的名字命名的。它位于托勒密环形山的东北方，直径 150 千米，和托勒密环形山的大小差不多，但是它的环壁较高，为 3300 米。

　　阿尔巴泰尼环形山：这是以阿拉伯天文学家阿尔巴泰尼（850—929）的名字命名的。它位于托勒密环形山之东，喜帕恰斯环形山之南；直径 136 千米，具有明显的中央丘，环壁非常明显。环壁内的西侧有一个较小的环形山，叫克莱恩环形山。这是以德国月面学家克莱恩（1844—1914）的名字命名的，直径 44 千米，环壁高 1460 米。

知识小链接

喜帕恰斯

喜帕恰斯是古希腊的天文学家，生于小亚细亚半岛西北的尼西亚，曾长期在罗得岛工作。他编制出 1022 颗恒星的位置一览表，首次以"星等"来区分星星，并发现了岁差现象。故被称为方位天文学的创始人。

弗拉马利翁环形山：这是以法国天文学家和天文普及家弗拉马利翁（1842—1925）的名字命名的。它位于托勒密环形山之北，非常靠近月面的中心点，直径 75 千米。这个环形山本身没有什么可引人注意的地方，然而在它的西环壁上有一个小而清晰的环形山，它就是素有盛名的默斯丁 A 环形山。

默斯丁 A 环形山：它的精确位置为西经 5°09′50″、南纬 3°10′47″。它的直径为 13 千米，环壁高 2700 米，并具有 50 千米长的辐射线，是一座年轻型的环形山。它清晰明亮的外形像镶在弗拉马利翁环形山的一颗珍珠。人们常借助它来定月面坐标的中心点。

知识小链接

弗拉马利翁

尼可拉斯·卡米伊·弗拉马利翁（1842—1925），法国天文学家和作家。他是出版了超过 50 本书的多产作家，其中包含关于天文学的科学普及书籍、数本知名的早期科幻小说和一些关于通灵术的书籍。

默斯丁环形山：这是以丹麦的政治家默斯丁（1759—1843）的名字命名的。它位于默斯丁 A 环形山的北面，直径 26 千米，环壁高 2700 米。

拉兰德环形山：这是以法国天文学家拉兰德（1732—1807）的名字命名

的。它位于弗拉马利翁环形山之西的风暴洋洋面上，直径 24 千米，环壁高 2600 米，有直径 320 千米的辐射线，也属于年轻型的环形山。

赫歇耳环形山：这是以英国著名的天文学家赫歇耳（1738—1822）的名字命名的。它位于托勒密环形山的正北，这两座环形山的环壁有一部分紧紧连在一起，直径 41 千米，和托勒密环形山相比，显得很小。然而它峻峭突起，环壁高 3800 米。

为了实现登月计划，美国宇航局于 1960～1961 年就提出两项对月球不载人的空间探测计划。这就是后来发射的"徘徊者"号和"探测者"号探测器。从 1961 年 8 月至 1965 年 3 月，共发射 9 个"徘徊者"探测器，其中第 6、7、8 号降落在中央区的两旁，9 号降落在阿尔芬斯环形山内，因此它捷足先登，成为第一个直接探测环形山内的"人类使者"。"徘徊者 9 号"发回 5814 幅近距月面照片，具有很高的清晰度，比用地球上最好的天文望远镜拍照的月面要清晰 2000 倍。

拓展阅读

掘土机

掘土机是指挖土用的机器，由起重装置和土斗构成，常用来进行大量土方挖掘工程，也用于露天矿开采。人们通常称它为"电铲"。

从 1966 年 5 月至 1968 年 1 月，美国又发射了 7 个"探测者"号探测器，主要是为载人登月飞船解决软着陆的问题。这其中有 3 个降落在中央区，2 号和 4 号基本失败，6 号获得成功。4 号和 6 号就降落在月面中心点西北 30 千米的中央湾海面上。6 号探测器不仅发回了月面环境的电视图像，还使用小型掘土机和化验室对月壤进行了分析，为以后"阿波罗"载人登月做了充分的准备。

由于月球总以同一面向着地球，月面中央区又是以其正面对着地球，因此，将来人类进一步登上月球，也会把大本营的基地建立在月面中央区。

◆◇ 北部的沉静之地

月球北部，一般是指月面北纬50°以上的地区。不论直接赏月，还是通过望远镜观测，都会发现这里既无月面东、西部那样以月海为主的明显特色，又没有月面南部那样绵延千里的山地特征，似乎是月面边缘一隅沉静之地。然而，这里依然以其特有的魅力吸引着月面学家的注意。

这里与南部相邻的地区从西到东分别是：风暴洋、雨海、澄海和东部边缘陆地。从北纬50°~60°主要是月海区。西部是风暴洋伸向北部陆地部分，叫露湾。露湾东部是东西走向的、非常著名的带形月海——冷海。它长达1500千米，南北宽300千米，总面积是440 000平方千米，仅次于风暴洋、雨海和静海，是月球上第四大月海。冷海两岸的地形十分复杂，两岸陆地的凹凸部分基本上能对应起来。冷海属于古老的月海，可能与澄海和静海是同龄海。

在海东部的月面边缘，还有一个很不引人注意的、孤独一处的月海，这就是洪堡德海。它是以德国自然科学史专家和探险家洪堡德（1769—1859）的名字命名的。在22个月海的名称上，仅有2个用人名命名（另一个是史密斯海）。洪堡德海呈椭圆形，地处东经75°~85°、北纬54°~59°，面积约5万平方千米。由于受天秤动的影响，它时隐时现。有时，当它处在月轮边缘时，暗黑色的月海与天空背景融成一色，仿佛这里的月面缺少了一块似的。

冷海以北是完整的北极大陆，它与月球背面的北部形成一个整体。北极大陆有很多多角形的地形结构。一般说来，这里的环形山环壁比较低矮，有的环壁残缺不全，显现出古老的地形地势风貌。就整体而言，东部环形山比西部多，另一特点是，月海和月陆的边界极不明显，海的地势渐渐伸入到陆地，很像地球上海边广阔的浅滩。北部山脉和隆起地带的走向也格外复杂，完全不像南极地区那样呈南北走向。北极区是丘陵和环形山交织的区域，环形山的数量比南极区大约少一半，和月面中央区差不多。

最主要的环形山多在冷海北岸，位于北纬50°～60°，著名的有以下几座。

柏拉图环形山：这是以古希腊哲学家柏拉图（约前427—前347）的名字命名的。它位于雨海和冷海之间的月陆上，直径约100千米，属于古老的环形山。

知识小链接

柏拉图

柏拉图（约前427—前347），古希腊伟大的哲学家，也是全部西方哲学乃至整个西方文化最伟大的哲学家和思想家之一，他和老师苏格拉底、学生亚里士多德并称为古希腊三大哲学家。

亚里士多德环形山：这是以古希腊哲学家亚里士多德（前383—前322）的名字命名。它位于冷海南岸（东经17°，北纬50°），直径87千米。在农历每月初七至二十的月面上容易看到。

恩迪米昂环形山：这是以古希腊神话故事中的一名英俊的牧羊青年的名字命名的。它位于冷海和洪堡德海之间（东经56°，北纬54°），直径125千米，和周围的月面相比，环壁清晰，层次分明，显得特别突出。环形山底部和月海的色彩一样黑暗，通过天文望远镜观测极其明显。

加特纳环形山：这是以德国地质学家加特纳（1750—1813）的名字命名的。它位于冷海东部的北岸（东经35°，北纬59°），直径102千米。它的特点是环形山的南部与冷海隔成一片，部分环壁难于看见，很像天然的港湾，和雨海的虹湾很相似。

索斯环形山：这是以英国天文学家索斯（1785—1867）的名字命名的。它位于露湾北岸（西经50°，北纬57°），直径98千米，和加特纳环形山一样，向海一边的环壁看不见。

康达迈恩环形山：这是以法国天文学家康达迈恩（1704—1774）的名字命名的。它位于冷海和露湾的分界线上，在冷海的南岸（西经28°，北纬53°），直径37千米。由此往北的海面上，有很多凸起的小岛和环形山，这就是露湾和冷海的分界线。

在北纬60°~70°较著名的环形山有以下几座。

赫歇耳环形山：这是以英国天文学家赫歇耳（1792—1871）的名字命名的。他和他的父亲一样，都是蜚声天文界的著名天文学家。该环形山位于索斯环形山的东北部（西经41°，北纬62°），直径156千米，环壁南边缘面向露湾海面。

毕达哥拉斯环形山：这是以公元前500年古希腊哲学家和天文学家毕达哥拉斯的名字命名的。它位于赫歇耳环形山之西

拓展阅读

天文学

天文学是研究宇宙空间天体、宇宙的结构和发展的学科。内容包括天体的构造、性质和运行规律等。主要通过观测天体发射到地球的辐射，发现并测量它们的位置，探索它们的运动规律，研究它们的物理性质、化学组成、内部结构、能量来源及其演化规律。

（西经62°，北纬63°），直径128千米，在下弦月清晰可见。

邦德环形山：以美国天文学家邦德（1789—1859）的名字命名。它的直径158千米，月面中央经线正穿过它（东经4°，北纬65°）；环壁低矮，看上去很像冷海北部的浅滩。

在北纬70°~80°较著名的环形山有以下几座。

巴罗环形山：这是以英国数学家巴罗（1630—1677）的名字命名的。它位于邦德环形山正北，直径93千米。

默冬环形山：以古希腊天文学家默冬的名字命名。它位于巴罗环形山的

东北部（东经 19°，北纬 74°），这个环形山虽然远离月海，可是南部环壁基本上看不清，底部和月海的颜色又很相近。形成这种结构的原因现在还不清楚。

白劳德环形山：这是以法国天文学家白劳德（1848—1934）的名字命名的。它位于默冬环形山正东（东经 37°，北纬 74°），直径 87 千米。

戈尔德施密特环形山：这是以德国业余天文学家戈尔德施密特的名字命名的。它位于巴罗环形山西边（西经 3°，北纬 73°），中央经线正穿过这里，直径 125 千米。

阿诺萨戈腊斯环形山：以古希腊哲学家阿诺萨戈腊斯（前 500—前 428）的名字命名。它紧靠着戈尔德施密特环形山的西侧（西经 10°，北纬 70°），直径 51 千米；环壁较高，有明亮的辐射线，这在月面北部是很少有的，属于年轻的环形山。

月面北极点没有环形山。但在北极点附近有几个比较著名的环形山。

赫米特环形山：以法国数学家赫米特（1822—1901）的名字命名，位于北极点之西（西经 88°，北纬 86°），直径 84 千米；处在可见半球和不可见半球的分界线上，西经 90°线正穿过它。

南森环形山：以挪威的地球北极探险家弗里德佐夫·南森（1861—1930）的名字命名。这位勇敢而聪明的探险家曾于 1893 年 6 月 24 日领导"先锋"北极探险队巧妙地把船和浮冰冻在一起，开始了北极之行。经过 35 个月的艰苦航行，他们到达地球北纬 85°55′的最高纬度。为了纪念南森的顽强探索精神，把这座位于月面东经 90°上的环形山（东经 93°，北纬 81°）命名为南森环形山。它直径 110 千米，也横跨在可见面和背面的交界线上。

伯德环形山：这是以美国海军上将和地球极地探险家伯德（1888—1957）的名字命名的。伯德曾于 1929 年开始大量使用飞机进行极地探险。他先后领导 5 次南极探险。因此把月面北极附近的环形山（东经 10°，北纬 85°）用他的名字作为永久的纪念。中央经线正穿过该环形山的西边缘。

皮尔里环形山：是以美国的极地探险家皮尔里（1856—1920）的名字命名的。皮尔里曾两次横越格陵兰冰层，1900年，他发现了格陵兰极北端的土地，现在称为皮尔里地。1906年，他从埃尔斯米岛航行到了北纬87°06′的极地，离北极点只差274千米。1909年4月6日上午10时，他到达了北纬89°57′，创造了当时历史上的新纪录。为了纪念他卓越的功勋，把离月面北极点最近的环形山（东经30°，北纬88°）以他光辉的名字命名，以示纪念。这座环形山的直径是84千米。

由于投影的关系，从地球上看去，月球极地附近的环形山很不易见到。人类对月球极区的探索也还是很不够的，只是通过环绕月球运行的飞船拍下一些照片而已。极区还有很多不解之谜有待探索。

▶ 南部的高原和山区

皓月当空，人们一眼就可以看出月面南部显得格外明亮，月面南部的陆地与月面的月海区形成了鲜明的对比。这是因为月陆主要是由斜长岩组成，对阳光的反射率较高。通过天文望远镜观察，会发现这里密布着大大小小的环形山，给人以千疮百孔之感，是典型的月面山区。

月面南纬30°以南的月陆基本上连成了一片。这块陆地的地形从东西边缘和中央区向赤道伸展，构成一个"山"字形。在这片广阔的陆区内也分布着两个月海。这就是以南纬约50°和东经约80°为中心的南海（月面后右下方）；与此相对称的另一边，即以南纬约50°和西经约50°为中心点的一片月海（月面的左下方），它是从湿海延伸而来，没有被赋予专门的名称。这两个月海面积小，又在明亮的月陆包围之中，显得很不起眼。

月海区的地形地势有形形色色的"湖"、"湾"、"沼"、岛和半岛等特征。月球的地势自然有高地、峭壁、山脊、山链和隆起带等特征。月球南部陆地是环形山最密集的区域，真是密密麻麻，重重叠叠，尤以莫罗利卡斯环形山周围最为显著。一般来说，环形山的周壁高度在 300～7000 米，而环形山的直径相差甚大。直径在百千米的大环形山周壁有如群山环绕的盆地。直径在几十千米的环形山一般都比较高和深，有的深达几千米，宛如洞穴深渊。直径在几十米以下的环形山周壁不高，但到处皆是。有人把月面南部山区比作神秘之宫，小环形山则像宫中的点缀物。

著名的环形山有以下几座。

第谷环形山：以丹麦天文学家第谷（1546—1601）的名字命名。它位于月面西经 11°、南纬 43°，直径 85 千米，环壁高 4850 米，中央丘高 1600 米。它的结构复杂，并显现出年轻环形山挺拔峻峭的风姿。以满月时从地球上看到最多、最长、最美的辐射纹而著称。辐射纹从环形山中心呈弧形向外延伸，最长的可达 1800 多千米，共有 12 条。辐射纹贯穿整个南部陆地，叠加在许多环形山之上，有的甚至伸展到酒海、静海、云海、知海和风暴洋中，饶有特色，蔚为壮观，肉眼可以直接看到。

知识小链接

辐射纹

辐射纹是一种天文学的专业名词，表示的是陨石撞击月球表面，喷溅出来的辐射状喷射物体。

按月面演化史来分类，第谷环形山属于哥白尼纪，也就是与哥白尼环形山的年龄差不多。这类环形山的特点是环形山的周壁形态比较完整，有明显的辐射纹，岩石的反射率较高，属于年轻型的环形山。月面学家认为，它们是在风暴洋和雨海等地发生大面积陷落结束以后才出现的。

第谷环形山一直吸引着天文学家、地质学家和广大天文爱好者的注意。1968 年 1 月 7 日，美国发射的"勘测者 7 号"月球探测器就降落在第谷环形山北侧不远的地方（西经11°26′，南纬40°53′）。这是人类发射的探测器降落在月球上最南方的一个。它对月壤进行了分析，还拍下了2万多张月球照片，其中就有第谷环形山辐射纹的近距照片。从照片上可以看出辐射纹上聚集着许多小环形山。

克拉维环形山：这是以德国的数学家和天文学家克拉维（1537—1612）的名字命名的。它位于月面西经14°、南纬58°，直径约240千米，环壁严重崩塌，很像盆地周围的丘陵。在它的底部和环壁上还有很多环形山，其中环壁上两个较大的环形山，一个叫波特环形山，直径约52千米；另一个叫卢瑟福环形山，直径约54千米。可以想象，这里的地形和地势是多么错综复杂，恐怕在地球上是找不到这类难以认清的重叠的地貌结构了。

克拉维环形山不仅以其大而闻名，更以它身经亿万年的老态龙钟被月质学家们所选中，树立它为古老环形山的代表。它的特点是：面积大；环壁崩塌，失去当年的原始面貌；底部平坦，没有中央丘；重叠着很多后生的环形山。

贝利环形山：是以法国天文学家贝利（1736—1793）的名字命名的。它位于月面西经60°、南纬67°，直径约303千米，是月球上最大的环形山，属于克拉维类型。

牛顿环形山：是以英国物理学家和天文学家牛顿（1642—1727）的名字命名的。它位于月面西经17°、南纬77°，直径约64千米，据说它可能是月球上最深的环形山之一。

另外，在莫罗利卡斯环形山周围不仅环形山密度大，并且这里的一些环形山也比较高。这是以意大利数学家莫罗利卡斯（1494—1575）的名字命名的，它的位置在月面东经14°、南纬42°，直径114千米，环壁高达4730米。

南极点虽然无法直接观测到，但提供南极点附近的几个目标可帮助判断南极点。在南极点之东约3°的地方有一个环形山叫阿孟德森环形山，直径约100千米，东经90°经线正穿过它；在南极点之西约7°的地方有一个叫德里加尔斯基环形山，直径约176千米，西经90°经线正穿过它；从南极点往北约5°

处有一个叫玛兰波特环形山，直径约55千米，中央0°经线正穿过它。在这三个环形山经度的交点处，就是南极点。恰巧在南极点有一个小环形山。

诚然，关于月球南极陆地的特征，远不如我们对月球赤道区域了解得多，还有待进一步认识。

◉ 月球上的风暴洋

唐代大诗人杜甫在描述月亮时写到："斫却月中桂，清光应更多。"神话故事中的月中桂树，主要就是指月面左边的黑暗部分，即风海区，风暴洋就在这个区域。风暴洋这个名称听起来很可怕，其实这里既无风暴，也不像地球上烟波浩渺的汪洋，名不副实。它只是月面上宁静而辽阔的平原，而且是月面上最大的平原，唯一的"洋"。

知识小链接

杜 甫

杜甫（712—770），字子美，自号少陵野老、杜少陵，曾任工部员外郎，故又称杜工部。公元712年2月12日（唐睿宗太极元年正月初一）生于河南省巩县。中国古代伟大的现实主义诗人，号称"诗圣"。一生写诗1400多首。

农历每月十五以后，才能看到风暴洋的全貌。通过天文望远镜观察，风暴洋和月面西部的雨海、知海、湿海和云海及北部的冷海相通，构成一幅极其浩瀚的壮观图景。整个西部"海域"和东部零散分布的月海形成鲜明的对比。西部"海域"的特征一是面积大，是东部月海面积的3倍左右，占西部月面约3/4；二是个数少，只有5个；三是以风暴洋为中心，连成一片。

风暴洋的位置处于北纬60°至南纬20°、西经85°至东经10°；南北向最大距离约 2400 千米，东西向最大距离约 2900 千米；整个面积约 500 万平方千米，比其他所有月海面积之和还大一些。风暴洋的东北部和环形的雨海相通，北面的露湾和冷海相连。露湾的面积约 20 多万平方千米，比危海的面积还大；东岸一直延伸到月面的中央区，那里有中央湾和暑湾。南部的知海、湿海和云海连在一起，形成与南部著名的山区相毗邻的格局；整个西部洋岸错综复杂，各种形态的半岛和岛屿显现出典型的海洋特征。

风暴洋以千姿百态的地势风貌给天文观测者留下深刻的印象。它的地势特征可以归纳如下：

第一，风暴洋中的岛屿甚多。以大约在北纬 10°、西经 20° 的哥白尼环形山为中心的周围就是一个引人注目的大岛，大约有 20 万平方千米。在该岛西边不远的地方，又有一个以开普勒环形山为中心的奇形怪状的岛。在这个岛周围还伴有很多小岛。在风暴洋和雨海相通的洋面上有一个近似长方形的岛屿，该岛上也有一个著名的环形山，叫阿里斯塔克环形山。西岸附近的小岛更是星罗棋布。在风暴洋和知海之间矗立着长达 200 多千米的里菲山脉，它像一座拔地而起的洋和海的分水岭。

第二，具有明亮的长辐射纹的环形山最多。观赏明月，人们常被月面几处具有明亮辐射纹的亮斑所吸引。这些辐射纹的中心亮斑就是环形山，最清晰的就是云海之南的第谷环形山。在风暴洋中还有 3 处这样的环形山，它们是哥白尼环形山、开普勒环形山和阿里塔克环形山。这些美丽的辐射纹在暗灰色洋面背景衬托下，显得格外迷人，像 3 颗明珠，在强烈的阳光下光彩夺目。哥白尼环形山直径 90 千米，辐射纹直径约 1200 千米。由于它位于月面中心附近，辐射纹显得特别清楚。美国发射的探月飞船拍下了许多细节照片，原来辐射纹上还存在许多小环形山，环壁中间有隆起的中央丘。开普勒环形山的直径约 32 千米，辐射纹长约 640 千米。阿里斯塔克环形山直径约 40 千米，辐射纹长约 430 千米，它以有时发出奇异的光辉而闻名。1958 年前苏联天文学家科齐列夫曾拍下它发出粉红色光辉的光谱照片。1969 年 7 月 21 日，

美国"阿波罗 11 号"载人飞船在环绕月球运行时，宇航员阿姆斯特朗恰好发现它发出荧光。至于为什么会发出短时的奇异光辉，现在尚无确切的解释。有人认为是从环形山内喷出的气体，有的则认为是由于太阳上射出的质子流引起的。

第三，风暴洋及其内部的各种地势，应与雨海、知海、湿海和云海看成一个演化整体。当然，它们形成或许有先后之分，但是，作为相通的近邻，又必有其内在的演化联系。比如，风暴洋的西部和南部就存在明显的陆地和海洋之间的过渡地带。根据测量表明，陆区的月壳厚度为 40~60 千米，海区的月壳厚度约在 20 千米以下，过渡带的月壳厚度一般在 30~40 千米。湿海和云海等于是风暴洋伸向南部陆地的近海，它们的岸边地势非常复杂。云海东部海面有长约 200 千米的直壁，西南边缘有疫沼和长 280 多千米的赫西奥杜斯月溪，西岸有长 200 千米、宽 5 千米的伊巴勒月溪。湿海比月球平均水准面低 5200 米，西岸有 200 多千米长的利比克峭壁。

第四，风暴洋周围著名的环形山最多。东岸有托勒密环形山、阿尔芬斯环形山、阿尔札赫环形山；西部有加桑迪环形山、列特龙环形山、格里马第环形山、里希奥利环形山、赫韦斯环形山、卡达努斯环形山、克拉夫特环形山和罗素环形山；西北部有毕达哥拉斯环形山；处在正面和背面分界线上的有爱因斯坦环形山；处在西部洋面上的还有伽利略环形山。

1969 年 11 月 19 日，美国"阿波罗 12 号"载人飞船在风暴洋洋面（西经 23°20′，南纬 3°02′）着陆，距离 1967 年 4 月 19 日美国发射到月面的"勘测者 3 号"仅 180 米远。宇航员在月面活动 2 次，共 7 小时 53 分钟。活动离登月舱最远达 900 米，带回 59 千克月壤和月尘的样品。其结晶岩石主要为玄武岩，这是月海的共同特征。鉴定表明：风暴洋的玄武岩是目前已知几个月海中最年轻的。从目前已取得的岩石样品测定：静海玄武岩年龄在 35 亿~38 亿年，澄海玄武岩年龄在 37 亿~37.9 亿年，丰富海玄武岩年龄在 34.5 亿年，雨海玄武岩年龄在 33 亿~34.5 亿年，风暴洋玄武岩年龄在 32 亿~33 亿年。

　　1971年2月4日，美国"阿波罗14号"载人飞船在风暴洋中的高地（西经17°27′，南纬3°40′）上的弗拉摩洛环形山以北，哥白尼环形山以南约390千米处着陆。宇航员在月面活动8个小时54分，最远活动范围为3.6千米。使用手推车在3个地方采集了样品：着陆区西面的平原；高100米山脊上的月壤；一个直径为340米的较年轻的环形山喷发出的沉积物。带回的50千克岩石和月壤样品中，大多数为长石质的角砾岩，它们充分显示出受冲击和热效应的特征。着陆区的月壤层厚8.5米，不仅有颗粒形的表土，还有因受冲击而形成的玻璃球粒。

　　总之，风暴洋不仅以大而显赫著称，更以地形多样、地势复杂而闻名。对风暴洋的探测和研究，将有助于人类对月球起源和演化的进一步认识。

基本小知识

角砾岩

　　角砾岩和砾岩一样，也是一种碎屑岩，是从母岩上破碎下来的、颗粒直径大于2毫米的碎屑，经过搬运、沉积、压实、胶结而形成的岩石，砾石的平均直径如果在1～10毫米，为细砾，10～100毫米称为粗砾，大于100毫米为巨砾。其胶结物中常含有矿物，角砾岩也可以作为建筑材料。

➡ 月球上的雨海

　　遥望明月，在圆圆的月面左上方，有一片近似圆形的暗灰色区域，被称为"雨海"。当然，月球上没有大气和水，因此，这里不是名副其实的"雨海"，而只是月球上的平原。"雨海"这一美称是意大利天文学家里希奥利于1651年命名的。它以典型的环形结构和复杂的地势而闻名。

　　通过天文望远镜，我们可以清晰地看到雨海恰似一个巨大的圆形广场。

虽然伽利略没有绘出这部分月面图，但是，在 1643 年波兰天文学家赫韦斯画的月面图上，就十分清楚地画出了雨海的位置、形状和周围的环境特征。雨海位于月面的西北部，大约在北纬 15°~50°、东经 10° 至西经 40°。它的北面隔着一条高地与东西走向的冷海为邻；东边地势起伏很大，山高谷深，峭壁悬崖，由弗雷斯内尔海角与澄海相通；南部同以著名的哥白尼环形山为中心的高地和伸向陆地的暑湾毗连；西侧主要同浩瀚的风暴洋相连，一眼望去，雨海像是风暴洋的一个海湾。从字义上看，这里的自然环境似乎十分恶劣，好像处在暴风骤雨袭击之下，其实，这里仍是万籁俱寂。

雨海的总面积大约为 887 000 平方千米，比我国青海省的面积稍大一点。在 22 个月海中，面积仅次于风暴洋，居第二位。它和风暴洋、澄海、静海、云海、酒海和知海构成月海带，并以典型的环形月海著称。

雨海从地形的角度看是封闭的圆环形，它被群山环抱，是一个典型的盆地结构。它的东北部有阿尔卑斯山脉；东边有高加索山脉和亚平宁山脉；南面有喀尔巴阡山脉；西部虽然与风暴洋连成一片，但是有较小的前驱山脉；西北方有朱拉山脉；正北有直列山脉和泰纳里夫山脉；在东部海中有斯皮兹柏金西斯山脉。目前已知整个月球上共有 15 条山脉，而雨海周围就有 9 条，这在月海中是独一无二的。因此，有些科学家联想到地球上太平洋周围也有断断续续的山脉环绕，从而开始探索类地天体构造中的共同规律。

雨海和它周围的地势构成了一个整体。如果通过天文望远镜直接观察雨海的东岸，这里的地势会使人有错综复杂之感。弗雷斯纳尔海角将隔开雨海和澄海的大山脉拦腰割断，北段就是高加索山脉，南段就是亚平宁山脉，从而使雨海和澄海相通。雄伟的亚平宁山脉长 640 千米，是月球上最大的山脉。向着雨海的一侧坡度陡急，形成悬崖峭壁，高出雨海 3000 多米，而向外一侧则比较平缓。1971 年 7 月 26 日美国发射的"阿波罗 15 号"宇宙飞船的登月舱就降落在亚平宁山脉北部哈德利山西侧的哈德利峡谷。这是到现在为止，人类登上离月球赤道最远的地区，大约在北纬 26°26′。宇航员们第一次驾驶着机动的月球车在这里考察，并爬到高耸的亚平宁山山坡，采集了一批岩石和土壤，为进一步研究月陆和月海的变迁带回了可靠的样品。

月面上还有一些蜿蜒数百千米长、几千米宽的大裂缝，看起来很像地球上的沟壑或谷地，较宽的称为"月谷"，较窄的称为"月溪"。雨海这里既有月谷，又有月溪。在"阿波罗 15 号"登月舱着陆点的西侧，就有一条名为"哈德利"的月溪。它长 100 多千米，宽 1.5 千米，深 400 米，是最清晰的月溪之一。在雨海东北部的阿尔卑斯山区，有一条长 130 千米、宽 10 多千米的大峡谷。它的外形整齐笔直，沟通雨海和冷海，这就是非常著名的阿尔卑斯月谷。从一般的天文望远镜里都能清楚地看出它独特的外形，很像地球上的苏伊士运河。当然，谁也不会相信它是人工开凿的。

在雨海的北岸，我们可以看到著名的柏拉图环形山。它的直径有 96 千米，底部和雨海"海面"一样高。早在 1878 年，有人曾几次观测到柏拉图环形山底部随太阳在月球天空的高度不同而变幻着明暗。1949 年 4 月，有人发现柏拉图环形山底部出现一次金黄色的闪光。这些奇妙的现象虽然还不能给出正确的解释，然而，由此可以看出不少观测者是一直注视着这里的变化的。在阿尔卑斯山脉和高加索山脉之间的雨海的海面上有一座直径 58 千米的环形山，它是以意大利天文学家卡西尼的名字命名的。这是由于卡西尼根据自己多年观测，于 1680 年画出精细的月面图，并发现月亮运动的三条规律。卡西尼环形山西边有一个貌不出众的小山，在空旷的海面上，它显得形单影只，叫皮同山。其实它是一座长约 28 千米，高约 2300 米的大山，阳光斜照产生的阴影可以长到它高度的 30 倍。雨海东部还有 3 个极为明显的环形山，它们是阿基米德环形山、奥托里环形山和阿里斯基洋环形山。值得一说的还有阿基米德环形山。它和柏拉图环形山一样，坑底与月海面一样高，一样平坦，只有环状壁的顶端露出海面。这是一类比较老的环形山，它们是在月海形成之前产生的。有的月面学家就选择它作为这个时期的代表，也作为划分月面史的一个标志，叫"阿基米德纪"。在亚平宁山脉的南端，还有一个大名鼎鼎的环形山，叫爱拉托逊环形山。它在东西向上把亚平宁山脉和喀尔巴阡山脉分开；在南北向上它是雨海和暑湾的分水岭。爱拉托逊环形山的直径约59千米，外形还保存着形成时期的样子，然而已失去了辐射纹。它应该是在月海形成之后出现的，比柏拉图环形山和阿基米德环形山年轻得多。有的科学家把那个时代称之为"爱拉托逊纪"。这些具有不同演化阶段的环形山为壮观的雨海添色增辉。

月海伸向月陆的部分称为"湾"或"沼"。月球上共有5个湾和3个沼，而雨海区就有2个湾和1个沼。它们是西北崖的虹湾和阿基米德环形山旁的眉月湾，以及亚平宁山脉和阿基米德环形山之间的腐沼。虹湾像半个环壁镶在雨海的西北岸。通过天文望远镜观测，它的形状非常像地球上雨后弯弯的彩虹，虹湾也就因此而得名。其实，它是一个外围被朱拉山脉环绕的大环形山，直径约有290千米。它的一半已被雨海熔岩掩盖，被掩环壁的痕迹还可以见到，没有被掩的环壁部分就是虹湾。1970年11月10日，前苏联发射的"月球17号"飞船就降落在虹湾南边，把第一辆月球车放到雨海。

雨海区域的地势是非常复杂的，又是极为壮观的，因为它囊括了月面构造的多种多样的类型，所以很早就引起天文学家和地质学家的重视。

雨海是怎样形成的？这不仅是一个迷人的问题，而且是月面学研究的重要课题。一般说来，关于雨海的形成有两种解释。一种认为大约在39亿年前，一颗巨大的陨星（或小行星）撞击在月面上，形成巨大的坑穴。然后，陨星坑的四周引起山崩和断裂，形成更大的月海盆地，亚平宁山脉和高加索山脉就是当时的断层。大约在31亿年前，陨星冲击诱发，使大量的熔岩涌出，熔岩淹没了月海盆地内部，形成了今天的雨海。这就是所谓的"雨海事件"。另一种解释认为，月海是月球自身演化的结果，大体上都是在同一时期内形成的。当然，尽管近20年来人类对月球的认识深入多了，但是雨海的产生仍是有待研究的课题。

◪▶ 诱人的月球背面

由于月球绕轴自转的周期与绕地球公转的周期相同，都是 27.3 天，所以它总是以同一面对着地球，它的背面永不被我们看见，成为千古之谜。

直到 1959 年，没有一个人能说清楚月球背面究竟是什么样的。1959 年，前苏联成功发射了"月球 3 号"火箭，火箭在转到月球背面上空六七万千米时，拍摄了人类有史以来第一批月球背面照片，并随即把它们传回到地球上的指挥中心。这些月球背面照片大致覆盖了我们从未见过的月面部分的一半区域。这些照片不是很清晰，只呈现出部分月面构造，无法为科学家们提供详细而精确的信息。尽管如此，这次发射和所取得的成果仍是很有价值的，而且有历史意义。

1965 年 7 月 20 日，前苏联的"探测器 3 号"空间飞行器，又一次拍摄和发回了月球背面照片。分别在 1966 年 8 月和 11 月发射成功的美国"月球轨道飞行器 1 号"和"月球轨道飞行器 2 号"，也都完成了同样的任务。

在此之前，美国早期的空间飞行器，包括"徘徊者"号和"勘测者"号等月球探测器在内，也都从近处拍摄了月球照片并送回地球。在宇航员登月之前，从月球表面收集到的土壤标本，就已经摆在了许多科学家的面前。

经过几十年的探索和研究，科学家们已得到了月球背面的大量照片。总的来说，月球背面的全貌是怎么样的，这个问题已解决。但是，稍微深入一点的话，问题不少。月球背面现在所提出来的各种新谜，比过去那种仅仅是不了解总体面貌的谜，复杂得多，难解得多。

月球背面与正面的最大差异是它的大陆性。在总共 30 来个月球"海"、"洋"和"湖"、"沼"、"湾"当中，90% 以上都在正面，约占半球面积的一

月球背面的照片

半。月球背面上完整的"海"只有 2 个，占月球背面半球面积的 10% 还不到。这 2 个不大的"海"就是莫斯科海和理想海。莫斯科海长约 300 千米，宽约 200 千米。

月球背面 90% 左右的地方都是山地，环形山很多，存在许多巨大的同心圆结构，很具特色。比起正面来，月球背面地形凹凸不平得厉害，起伏更加悬殊。月球背面的颜色比正面稍红、稍深一些，大概是由于两个半球上山区和"海"的面积相差较多的缘故。

为什么月球背面的结构与正面有那么大的差异？为什么月海都"喜欢"集中在正面？这些都是科学家颇感兴趣的问题。

比起正面来，月球背面环形山之多有过之而无不及，与正面环形山相同之处是各环形山千姿百态，千奇百怪，有的也是相互交织在一起。欧姆环形山等跟正面的第谷环形山和哥白尼环形山相象，也都带着长短不等的辐射纹。

不同的是，月球背面环形山多而且大，只要你看一眼月球背面照片，立即就会得出这样的概念：环形山是月球背面的主要特征，它在月球背面面貌中占有无可争辩的主导地位。更加使你惊讶的大概是它的环形山链。好些环形山像糖葫芦那样串连在一起，弯弯曲曲地延伸好几百千米，最长的超过 1000 千米，这样的地形结构使人叹为观止。

月球正面的南部，环形山较多；而月球背面的北极地区地形极为复杂，许多环形山相互叠加和交织在一起，形态别致。

月球正面有好几条著名山脉，如阿尔卑斯山脉、亚平宁山脉等。严格说起来，月球背面没有明显的山脉。退一步说，如果降低要求，把莫斯科海的四周海岸、一些环形山环壁和线状地形等也说成是山脉的话，也许可以勉强过得去。

一般书上说月球直径 3476 千米，或者半径 1738 千米，都指的是平均直径或平均半径。由于月球并非正球体，有的地方鼓起来一些，半径就比平均半径长些，凹陷下去的地方的半径就小于平均半径。

月球的最长半径和最短半径都在月球背面那个半球上，真是咄咄"怪"事。最长半径比平均半径长 4 千米，最短半径在一片叫作"范德格拉夫洼地"那里，比平均半径短了 5 千米。范德格拉夫洼地位于月亮背面的南半球，直径约 210 千米，它本身的深度约 4 千米。它不仅是本地区中最令人感兴趣的一个区域，在某些方面还是独一无二的。譬如说，它的磁场比周围地区的都强，而且还有点异常；放射性的情况也是这样。这种异常情况是否跟它的特殊构造有关系呢？

月球正面情况科学家们是比较熟悉的，谁知月背情况竟与正面有那么多和那么大的差异！人们自然要问：这是为什么呢？

一种意见认为：对地球上的人来说是发生了一次月全食的时候，对月球来说，那是一次长时间的日全食。原来被太阳烤得特别热的月球正面，突然被地球影子遮住，而且长时间地处于温度特别低的情况下。这样，久而久之，月球正面月壳就会开始出现小破裂，到后来发生巨大的破裂。

反对者的意见是：月球上发生日全食时，月面温度剧烈变化是事实，形成局部的微不足道的破裂也有可能。但是，月面物质传递的本领是很差的，所以，充其量月面温度变化至多只影响月面以下几厘米的地方，而不会造成我们现在所看到的正背两面那么大的差别。再说，月球上发生日全食是常有的事，如果同意那种观点的话，岂非要承认月球上现在也在经常不断地发生那种实际上并不存在的大破裂呢？

另一种意见是：地球吸引月球而使月球本体发生像潮水涨落那样的现

象，这种被称为"固体潮"的作用当然是很小的。但是，不管潮汐作用有多大，由于正面离地球近而受到的作用大，这也会造成月球正、背两面的差异。

不少人认为这种见解也是不能成立的。月球正、背两面所受到的地球潮汐作用确实是有差别的，正面受到的要大一些。但是，计算结果表明，大概只相差 5‰，潮汐作用的微小差别根本不可能造成正、背两半球面貌那么大的差别。

看来，月球正、背两面的差别不能用外部原因来解释，应该从月球本身来找，月球背面面貌是月球内在力量在形成月壳的过程中，起着主导作用而造成的。尽管我们现在还不清楚月球背面及其特征究竟是如何形成的，但谜底终究有朝一日会被解开。

月相、月食和日食

　　随着月亮每天在星空中自西向东移动一大段距离，它的形状也在不断地变化着，这就是月亮位相变化，叫作"月相"。

　　随着月相不断的变化，当月球运行至地球的阴影部分时，在月球和地球之间的地区会因为太阳光被地球遮蔽，就看到月球缺了一块。此时的太阳、地球、月球恰好（或几乎）在同一条直线上，就形成了月食。当月球运行至太阳与地球之间时，对地球上的部分地区来说，月球位于太阳前方，因此来自太阳的部分或全部光线被挡住，看起来好像是太阳的一部分或全部消失了，这样的现象叫作"日食"。

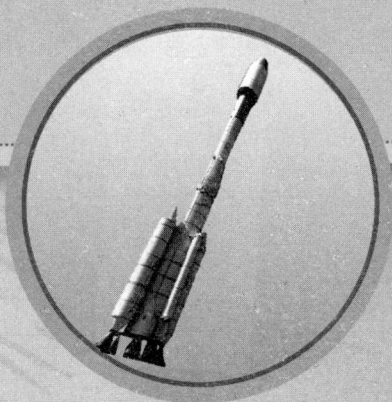

❤ 什么叫月相

随着月亮每天在星空中自西向东移动一大段距离，它的形状也在不断地变化着，这就是月亮位相变化，叫作"月相"。"人有悲欢离合，月有阴晴圆缺"，这里的圆缺就是指月相变化：在地球上所看到的月球被日光照亮部分的不同形象。月相是天文学中对于地球上看到的月球被太阳照亮部分的称呼。

月球环绕地球旋转时，地球、月球、太阳之间的相对位置不断地变化，并且在一个月中有规律地变动。地球上的人所看到的、被太阳光照亮的月球部分的形状也有规律地变化着，从而产生了月相的变化。另一个原因是月球的表面是由岩石和尘土构成的，它和地球一样自己不会发光，因此我们看到的月亮相位是月亮反射阳光的部分，其阴影部分是月球自己的阴暗面。

自新月开始，相位在一个太阴月内的变化次序是：新月、上弦、望、下弦。在太阴月内，自新月算起的时间长度叫"月令"，如望的月令为14天。在新月的前后从地球看到的月亮日照面呈娥眉状，上弦时可见到半幅月轮，而望的前后，月亮的日照部分呈凸圆状。上弦月与下弦月不同，因为上弦时从地球上看到的是其月轮的西半幅，而下弦时见到的则是它的东半幅。

月相变化周期，即从朔（望）到朔（望）的时间间隔叫作"朔望月"。朔望月比恒星月长，平均为29.5306天，即29日12时44分3秒。我国农历中的月份就是根据朔望月定的。每个月的朔为农历月的初一，望为十五或十六。现在我们过的春节、端午、重阳和中秋等节日都是根据农历确定的节日。

知识小链接

重阳节

重阳节是指农历九月九日，又称"老人节"。因为《易经》中把"六"定为阴数，把"九"定为阳数，九月九日，日月并阳，两九相重，故而叫"重阳"，也叫"重九"。

➡ 月相的更替

月球是地球的卫星，而月球与太阳之间隔着一个地球。月球不停地绕地球旋转，当它转到地球和太阳中间的时候，它被太阳光照亮的那一半正好背着地球，向着地球的是黑暗的一半，这时我们在地球上完全看不到月球，称之为"朔"或"新月"，也就是夏历每月初一。

经过两天后，月球向东移动了25°，从地球上可以看到月球被照亮半球的一小部分，这时月球呈现为月牙形，月牙的凸面向右，朝向太阳。月球继续朝前旋转，在朔日后一周，月球向东移动了1/4周，到了夏历初七、八，太阳落山，月球已经在头顶，到了半夜，月球才

月　牙

落下去，这时被太阳照亮的月球，恰好有一半被你看到，称之为"上弦"。

在这以后，月球继续向东运行，我们可以看见月球亮面的大部分；上弦之后一周，到了夏历十五、十六，月球转到地球的另一面。这时地球在太阳

月相的变化过程

和月亮的中间，月球被太阳照亮的那一半正好对着地球，此时我们看到的是"满月"，或称之为"望"。由于月球正好在太阳的对面，故太阳在西边落下，月球则从东边升起，到了月球落下，太阳又从东边上升了。

满月以后，月球升起的时间一天比一天迟了，看到的月球亮的部分也一天比一天小了。在满月后一周，到了夏历二十三，满月亏去了一半，而且半夜才升上来，这就是"下弦"。但和上弦月相反，我们看见月球圆面的左半面是明亮的。

下弦之后，月球的明亮部分继续亏，月球又成月牙形，月牙凸面向左朝向太阳（残月）；快到月底的时候，月球又将旋转到地球和太阳中间，在日出之前不久，残月才又由东方升起。到了下月初一，又是新月，开始新的循环。

朔之后，日落不久，月牙就出现在西方地平线附近。日期愈往后，月球离太阳愈远，日落不久，月球出现在天空的西南方；上弦那一天，日落时，上弦月出现在正南，到子夜月球才下没，前半夜可以看见月球；上弦之后，月球下没时间越来越迟，前半夜以后的大半个夜晚可以看见月球；到了望日，日没时，月球升起，整个夜晚都可看到月球；下弦月，子夜时才升起，后半夜才能看到月球。以后，月球升起的时间越来越晚，残月则在日出前才升起，黎明时月球出现在东地平线附近。

◑ 月相种类

月相是以日月黄经差度数（以下的度数就是日月黄经差值）来算的，共划分为 8 种：

新月（农历初一，即朔日）：0°；

上蛾眉月（一般为农历的初二夜至初七）：0°~90°；

上弦月（农历初八左右）：90°；

渐盈凸月（农历初九至十四）：90°~180°；

月相的种类

满月（望日，农历十五夜或十六左右）：180°；

渐亏凸月（农历十六至二十三）：180°~270°；

下弦月（农历二十三左右）：270°；

残月（农历二十四至月末）：270°~360°；

另外，农历月最后一天称为"晦日"，即看不见月亮。

以上有 4 种为主要月相：新月（农历初一）、上弦（农历初八左右）、满月（农历十五左右）、下弦（农历二十三左右）。它们都有明确的发生时刻，是经过精密的轨道计算得出的。

月相识别

假设满月是一个圆形，那么无论月相如何变化，它的上下两个顶点的连线都一定是这个圆形的直径（月食的时候月相是不规则的）。当我们看到的月相外边缘是接近反 C 字母形状时，那么这时的月相则是农历十五日以前的月相；相反，当我们看到的月相外边缘是接近 C 字母形状时，那么这时的月相则是农历十五以后的月相。

月相变化歌

初一新月不可见，只缘身陷日地中。

初七初八上弦月，半轮圆月面朝西。

满月出在十五六，地球一肩挑日月。

二十二三下弦月，月面朝东下半夜。

在朔和上弦之间的"月牙"称为"新月"，在望和下弦之间的"月牙"称为"残月"。

一个口诀（方便记忆）：上上上西西、下下下东东——意思是：上弦月出现在农历月的上半月的上半夜，月面朝西，位于西半天空；下弦月出现在农历月的下半月的下半夜，月面朝东，位于东半天空。

月到中秋

中秋节是我国人民很重视的一个节日，是合家团圆的节日。

中秋节晚间，一轮圆月高高挂起，天空也好像被洗过了似的，湛蓝湛蓝

中秋圆月

的，洒在地上的银白色月光，给人宁静、安谧的感觉。怀着舒畅和美满心情的人们抬头望明月，觉得月色特别好，月亮格外明亮。"月到中秋分外明"的说法流传非常广。

一般来说，中秋前后是一年中天气最好的季节。在这之前，在夏季的很长一段时间里，从海洋上吹来的、湿度很大的暖空气，一直滞留在我国很多地区上空，月光是很难穿过云层和它所含的水汽的。我们从地球上看月亮，觉得它好像老是披了一层薄薄的白纱，发出柔和的光辉，但并不那么皎洁。每年农历八月份之后，从北方吹来干燥而有点寒意的空气，把暖而湿的空气驱跑了，天高气爽，天空透明度加大，人们觉得月亮也似乎变得分外明亮了。

从天文学的角度来说，谈论像中秋月那样的满月亮度，至少要考虑这么几个问题：它的反照率、它是否最圆、距离远近也就是圆面大小等。

月亮自己不会发光，它只是反射了太阳光。月亮的反照率不高，只有 7% ，或者说，月亮只把从太阳那里得到的 7% 的太阳光反射了出来。不管是这次中秋时的满月还是其他什么时候的满月，都是这样。所以，我们不必在这一点上作特别考虑。

关于月亮是否最圆，就应该说明白了。农历每个月的十五叫作"望"，这一天的月亮就叫作

拓展阅读

反　射

反射是一种自然现象，表现为受刺激物对刺激物的逆反应。反射的外延宽泛。物理学领域是指声波、光波或其他电磁波遇到别的媒质分界面而部分仍在原物质中传播的现象；生物学领域里反射是在中枢神经系统参与下，机体对内外环境刺激所作出的规律性反应。

"望月"，这些都没有问题。习惯上人们都把这一天的月亮看作是最圆的，而实际上，这是不对的。问题在于农历中的这个"望"和"望月"，与天文学上有着确切定义的"望"和"满月"，并不是完全一致的。

从地球上看太阳和月亮，它们相差180°就叫"望"，因此，在天文学的书里，"望"有一个非常确定的时刻：哪天几点几分。这一时刻，月亮最圆。那么，这时刻是不是就在农历望的那一天呢？有可能，但在多数情况下则不是，它往往是在农历每个月的十六，甚至在十七。说实在的，农历八月十五而恰逢天文学上的那个望的机会不多，通常是十六的月亮比十五的更圆。

举例来说：农历乙亥年是猪年，相当于公元1995年1月31日到1996年2月18日，因碰上闰年，有13个月。从农历来说，这13个月的每月十五都是"望"。从计算历法的天文台来说，这13个相应的天文学上的"望"的时刻，在农历十四的有1次，十五的有3次，十六的有7次，十七的有2次。下一个农历年是丙子年，是鼠年，有12个月，相当于1996年2月19日到1997年2月6日，12个相应的天文学上的"望"在农历十五和十六的各5次，有2次在农历十七。这充分说明，在多数情况下，天文学上的"望"不在农历十五，农历十六的月亮往往比十五更圆些。

至于同样是天文学上的那个"望"，满月的大小也不一致，这就得说说它的距离了。满月而离得比较近的时候，当然比远的时候要大些。我们已经说过，月亮绕地球运转的轨道是椭圆形的，在轨道近地点时离地球35万多千米，远地点时约40万千米。月亮从轨道上的近（远）地点出发，转了一圈之后再回到近（远）地点来，平均需要27日13小时多，可是从一次满月到下次满月的时间是29日12小时多，两者相差2天不到。这就告诉我们：同样是一次满月，由于与地球之间距离的变化，月亮的大小也是不一样的。只有既是满月，月亮又是在近地点附近，它才是又圆又大的。这怎么可能每年都赶在中秋节之夜呢！

至于某一年的中秋月亮究竟是什么条件、什么情况，得具体分析。看它离天文学上"望"的时刻有多长、离轨道近地点有多远，此外还有些别的条件。

尽管如此，我们完全可以照常喜欢中秋月亮，沐浴在清澈的月光中，欣赏唐代大诗人的诗句"一年明月今宵多"，或者"举头望明月，低头思故乡"。

◑ 什么是月食

好端端的一个圆圆的月亮，突然在一个角上出现了黑影，而且还在不断地扩大，有时甚至把整个月亮都遮住了。扩大到一定的程度之后，黑影又一步步往外退，最后是黑影全部退出月面，月亮恢复原来的样子。这是一次月食的全部过程。

也曾有人把那个突然"光临"的黑影称为"野月亮"，平常我们看到的那个明亮的月亮就被称为"家月亮"，月食就被叫作"野月吃家月"。

其实，我们的地球只有一个月亮，至于那个被称为"野月亮"的黑影，它既不是月亮，更无所谓的"野"，它实际上只是我们地球自己的影子罢了。我们把这种现象叫作"月食"。一般来说，每一两年我们总能看到一次月食，几乎任何人都在一生中至少

美丽的月食

看到过一次条件比较好的月食。对于这种地球影子把月球遮住了的现象，很多人都以愉快的心情进行观测。

可是，在古代，人们不知道发生月食和日食的原因，对这种现象感到害怕。即使是在今天，在非洲的一些原始部落里，日食和月食仍旧引起人们很大的恐慌。航海家哥伦布于1504年进行第四次远航时，传说他因为知道即将发生月食，而救了他自己和全体船员。

知识小链接

哥伦布

克里斯托弗·哥伦布（1451—1506），中世纪热那亚共和国（今意大利一部分）的航海家，他在1492年到1502年间4次横渡大西洋，并成为发现、到达美洲新大陆的首位西欧人。

当时，哥伦布的船队急需粮食等给养，如果弄不到即将被饿死。他请求当地的印第安人予以帮助，但遭到拒绝。他于是就吓唬他们，对他们的领袖说，上帝为此非常生气，将用饥荒来惩罚他们，并用把月亮从天空中移走作为即将惩罚他们的信号。

当月食果然像哥伦布所预告的那样发生的时候，印第安人惊慌失措到了极点。他们答应，如果哥伦布能说服上帝把月亮还给他们，他们就同意供应哥伦布所需要的粮食和其他一切给养。月食结束，月亮出来之后，印第安人履行了自己的诺言。

月食是怎样形成的

月食是指当月球行至地球的阴影后时，太阳光被地球遮住而产生的一种特殊的天文现象。所以每当农历十五日前后可能就会出现月食。

地球在某个平面上绕着太阳转圈。举个例子来说，我们假定太阳位于餐厅内某圆桌的中央，地球则是在圆桌边上绕着它转，月球围绕地球运动的轨道与圆桌面斜交，形成的角约5°。这就是为什么并非每个满月时都会发生月食。地球是一个不能自己发光的天体，被太阳照亮的半个地球是白天，得不到太阳光的另外半个地球就是夜晚。在阳光的照耀下，物体后

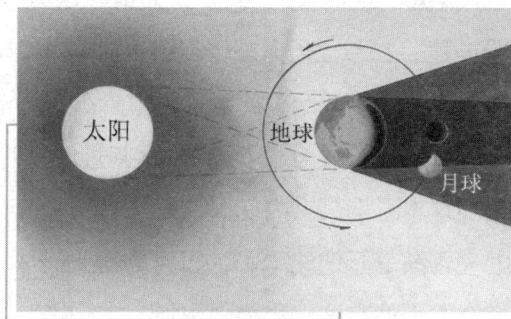

月食形成的原因

面都拖着一条影子，地球也不例外。尽管随着地球、太阳之间距离的变化，地影有长有短，但无论是在什么样的情况下，它永远是一条紧接在地球后面的巨大无比的"尾巴"。地球的这条影子尾巴平均长138万多千米，最短也不会短于136万千米，最长则可超过140万千米。月球一般都是从这条影子的上面或者下面走过去。要是满月时，月球也刚好是在地球的轨道平面内时，地球影子就会把月球遮住而发生月食。

也就是说，此时的太阳、地球、月球恰好（或几乎）在同一条直线，因此从太阳照射到月球的光线，会被地球掩盖。

以地球而言，当月食发生的时候，太阳和月球的方向会相差180°，所以月食必定发生在"望"（即农历十五前后）。要注意的是，由于太阳和月球在天空的轨道（称为黄道和白道）并不在同一个平面上，而是有约5°的交角，所以只有太阳和月球分别位于黄道和白道的两个交点附近，才有机会连成一条直线，产生月食。

月食过程

月食时总是月亮的东边缘首先

进入地影，当月亮与地球本影第一次外切时，这标志着月食的开始，称为"初亏"；初亏之后月亮慢慢进入地球本影内，当月亮与地球本影第一次内切时标志月全食开始，此时称为"食既"；当月亮圆面的中心与地球本影中心最接近的瞬间，称为"食甚"；食甚过后，月亮慢慢在地球本影内移动，当月亮与地球本影第二次内切时，标志着月全食的终结，称为"生光"；生光之后，月亮逐渐离开地球本影，当月亮与地球本影第二次外切的瞬间，标志着月食整个过程的完结，称为"复圆"。所以，月全食也同样有 5 个阶段，即初亏、食既、食甚、生光、复圆；而月偏食则只有初亏、食甚和复圆 3 个阶段。

▶ 月食的分类

月食可分为月偏食、月全食及半影月食 3 种。当月球只有部分进入地球的本影时，就会出现月偏食；而当整个月球进入地球的本影之时，就会出现月全食。

月全食过程

至于半影月食，是指月球只是掠过地球的半影区，造成月面亮度极轻微的减弱，很难用肉眼看出差别，因此不为人们所注意。

月球直径约为 3476 千米，地球的直径大约是月球的 4 倍。因为地球的本影锥很长（最短也有 136 万千米），远比月亮和地球之间的最大距离还要大得多；在月球轨道处，地球的本影的直径仍相当于月球的 2.5 倍。所以发生月食时，地球和月亮的中心大致在同一条直线上，月亮就会完全进入地球的本影产生月全食，而永远不会进入地球本影锥尖外的伪本影中，就是说月食不会有月环食现象发生。而如果月球始终只有部分被地球本影遮住时，即只有部分月亮进入地球的本影，就发生月偏食。

太阳的直径比地球的直径大得多，地球的影子可以分为本影和半影。如果月球进入半影区域，太阳的光也可以被遮掩掉一些，这种现象在天文上称为"半影月食"。由于在半影区阳光仍十分强烈，月面的光度只是极轻微地减弱，多数情况下半影月食不容易用肉眼分辨。一般情况下，由于较不易被人发现，故不称为月食。

每年发生月食数一般为 2 次，最多发生 3 次，有时一次也不发生。因为在一般情况下，月亮不是从地球本影的上方通过，就是在下方离去，很少穿过或部分通过地球本影，所以就不会发生月食。

据观测资料统计，每世纪中半影月食、月偏食、月全食所发生的百分比约为 36.60%、34.46% 和 28.94%。

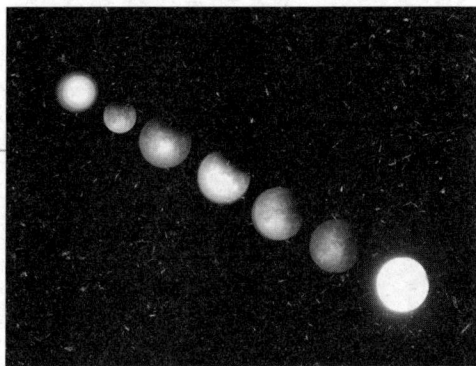

月偏食过程

月 震

　　月球是一个极其"活跃"的世界，月震发生在我们无法想象的月球深处。月震活动通常是由于撞击事件产生的外力和次生效应引起的。科学家们把多数月震称为"微型月震"，根据月震记录，月球的活动和振动不仅多次反复发生而且有时强度还相当可观。微型月震多发生在月面的裂隙上。

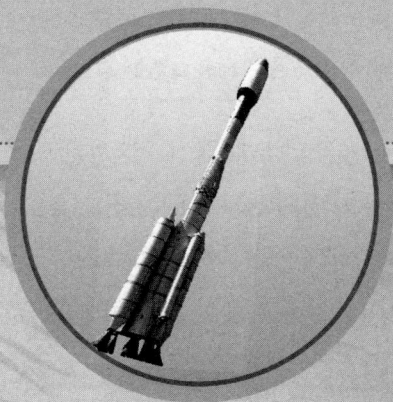

什么叫月震

如果说起地震，人们已经知道许多，譬如，地震的成因、地震的破坏性、几次著名的大地震，许多人还亲身感受过地震。

我们居住的行星具有坚固的大地，为什么会产生震动呢？一般来说，地震可分两大类：一类是自然因素引起的地震，全世界每年发生几百万次地震，其中90%以上属于这类构造地震，如地下岩石构造活动引起地震；火山活动引起地震，这类地震不多；局部地面陷落引起地震，这类地震很少；海岸或山坡崩塌也能引起地震；陨石撞击地面也会引起局部地震。譬如，1976年3月8日，大陨石落在我国吉林市北郊等处，就曾引起1.7级地震。上述这些属天然地震。另一类是人类的活动引起地震，如进行地下核爆炸或开山炸石等，这属于人工地震。

知识小链接

地 震

地震，又称"地动"、"地振动"，是地球上经常发生的一种自然现象。由于地壳运动引起的地球表层的快速振动，地壳快速释放能量过程中造成的振动，期间会产生地震波。也是地壳运动的一种特殊表现形式。

深藏在地球内部的物质活动非常剧烈，这种活动必然要影响地壳的活动。地震主要取决于地球自身的物质活动，同时还应看到，地球处在动态而且是多层次的太空环境之中，受到太阳、行星和月球等天体的影响。这种影响有引力的束缚，可见光的照射、粒子流的轰击和电磁场的扰动等，这些也是触发地震不可忽视的外部因素。

作为绕地球运动的卫星——月球，有没有月震呢？1969 年以前，人们谈起月震来，还只是作为一件奇事来猜想，或进行科学推测而已。

人类要想实现登月，必须确切掌握月面环境的状况。月球表面结构如何？月球内部活动怎样？有没有月震？月震的能量有多大？月震的频次有多少？这些问题直接涉及人类能不能登月，能不能长期在月球上停留。因此，探索月震活动是实现人类登月考察的重要问题之一。

那么，什么是月震呢？恐怕知道月震的人不多，感受过月震的人肯定没有。然而，月震确实存在，并且人类已初步了解了它的一些规律。科学家正在逐步揭开月震之谜。

发生在月球上的地震就叫"月震"。1969 年美国科学家乘"阿波罗"号飞船首次踏上了月球，在月球上架设了 5 台月震仪，能连续向地球发回月震记录资料，从此人类开始了月震的观测与研究。

我们知道，地球每年都发生许多次地震，月球也会发生月震。月球的内部能量已近于枯竭，虽然现在它是一个几近僵死的天体，但仍然有轻微的活动，因此经常有微弱的月震发生。1969 年 7 月，"阿波罗 11 号"飞船航天员登月后在月球静海西南角设置了检测月震的仪器。此后，相继在月球着陆的几艘"阿波罗"飞船先后在风暴洋东南、弗拉 - 摩洛地区、亚平宁山区的哈德利峡谷、笛卡尔高地和澄海东南的金牛 - 利特罗峡

月震测试

谷放置了月震仪。月面上的 6 台月震仪组成了检测月震的网络，它可以记录月震发生的时间、位置、强度和震源深度。至 1977 年 8 月，月球上的月震仪

共监测到 1 万多次月震活动。

月震有两大类：深层月震和浅层月震。

深层月震：月震发生于深度达 600～1000 千米的月幔之中。

浅层月震：发生在月壳表层 0～200 千米之内，每年仅发生 1～5 次，产生于月壳的断裂带上。

➡ 月震的特点

从月震图上可以看出来，月震和地震很不一样，一个小地震可使远方的地震仪持续 1 分钟，而在月球上要持续 1 小时，震幅迅速增大后，衰减十分缓慢，科学家认为这种有趣的现象可能和月球上缺水和岩石的破裂性质有关。

月震比地震发生的频率小得多，每年约 1000 次，而地震每年平均达几百万次。月震强度也不如地震大，月震释放的能量远小于地震，最大的月震震级只相当于地震的 1～2 级。月震的震源深度在月球表面以下 700～1000 千米处，属深源震；而地震的震源深度仅几十千米到 300 千米，属浅源震或中源震。月震波在月球内部要多次反射回返，持续时间近 1 小时，而地球上这种小地震的地震波在地球内部传播的持续时间不超过 1 分钟。

➡ 月震发生的原因

科学家们通过长期的研究认为，太阳和地球的起潮力是引发月震的主要原因。此外，太阳系内的小天体（如陨石、彗星碎块）撞击月球时，也会诱发较大的月震。比如 1972 年 7 月 17 日 21 时 50 分 50 秒，在月球背面靠近莫斯科海附近，一块重约 1 吨的巨大陨石撞击月球，产生了一次 3.5～4 级的月震。

月面结构直接裸露在太空环境中，太阳照射时会产生极高温，没有太阳时会变得极严寒，这样的温度突变会引起月面岩石的轻微震动。科学家称这种变化引起的震动为"热月震"。这种震动在地球上是没有的。

月震中也有人工月震。譬如，后来几次载人登月飞行时，宇航员进入返回地球的轨道，便把2.4吨重的登月舱上升段投向

拓展阅读

彗 星

彗星，中文俗称"扫把星"，是太阳系里小天体中的一类。由冰冻物质和尘埃组成。当它靠近太阳时即可见。太阳的热使彗星物质蒸发，在冰核周围形成朦胧的彗发和一条稀薄物质流构成的彗尾。由于太阳风的压力，彗尾总是指向背离太阳的方向。

月球，它以每秒1680米的速度撞击月面，形成相当于6.8吨TNT（三硝基甲苯）的爆炸力，造成人工月震。"阿波罗16号"宇航员在月面上考察时，投掷过一个爆炸金属管，还在月面上设置了一个枪榴弹筒。3个月后，地面控制中心将它引爆。请你不要以为宇航员是在随心所欲地搞什么恶作剧，他们是在用人工月震测试月面和月壳的物理性质。

另有一类来历还不明的月震，在几天内每隔几小时反复发生。

月震的稀少意味着月球内部是固态的，而且其内部中心温度较低。

👁️ 月震的秘密

和认识地震一样，我们不仅要了解月震的次数和震级的大小，最主要的是从中探索它震动的规律，查出它震动的内因和外因，使认识达到更深入的层次。地震和月震都是天体的正常活动。一次月震从孕育到发展、发生，这

是一个复杂的天体物理和化学变化过程。科学家们潜心研究的就是这些天体的本质。地震学是这样，月震学也是如此。

知识小链接

地震学

地震学是研究固体地球介质中地震的发生规律、地震波的传播规律以及地震的宏观后果等课题的综合性科学。固体地球物理学的一个分支，也是地质学和物理学的边缘科学。

现在已知月震的空间分布状况是：向着地球的这面比背着地球的那面，发生的月震更多些；在向着地球的一面上，分布着 4 个深月震的震中带；月海区的地震比月陆区多。前面已介绍过深月震居多，已证实出深震源区有 109 个，在这些区域反复发生月震。

与月震的空间分布相对应的时间分布也是很重要的。

科学家们发现，深月震的时间分布有一定的周期规律。深月震的发生与地球和太阳对月球的起潮力有触发性的关系。

浅月震比深月震少很多。从统计来看，在 1 万多次月震记录中，浅月震只有 28 次。但是能量最大的月震是浅月震，已记录到最大的浅月震为 4.8 级。它们发生在月面下 0 ~ 200 千米。浅月震与地月之间的位置无明显关系。有人认为浅月震可能属月球的构造月震，但也有人不同意这个观点，至今仍属奥秘。

▶ 月震的研究价值

人们关心月球的问题之一，就是月球内部的结构如何，是否和地球一样。而了解月球内部结构的最好方法就是研究月震波。有人打过一个比喻，说地震波好比一盏灯，把地球内部的结构给照亮了。这就是科学家急于在月球上安装测震仪的原因。

月球上没有水，也没有空气，是个非常安静的地方，它不像神话中讲的那么有情趣。测震仪每年会记录到 600～3000 次月震，震级多数很小，大约不到 2 级。这使人们想到，月球表面尽管很平静，内部仍然十分活跃。测震仪还能记录到陨石撞击月球产生的月震波。登上月球的科学家为了研究月球的内部结构，还要在月球上制造人工月震来计算月震波的波速。根据对月震波的研究，科学家发现月球内部的绝大部分物质是固态的，也大致分 3 层，外壳、中间层和月核。月核比固体软，但可能还不是液态。

通过对月震分析表明：向地球一面的月壳厚度为 60～65 千米，在月幔中有 12 处质量集中区（简称"质瘤"），大都在月海中央，起因于密度较大的陨石撞击月球后，未被月幔熔化，当受到地球起潮力的吸引，质量重的质瘤旋转向地球的那面，使得月球总是一面对着地球，即与地球同步转动。而背向地球的那面月壳较厚，达 150 千米，密度稍小。深层月震的能量来源恰好是地球起潮力释放的能量，它使质瘤间位置发生微小变化，月震后又回到原来位置，并使得月球每年远离地球 5 厘米而去。

基本
小知识

陨 石

　　陨石是未燃尽的流星体从太空掉落到地球或其他行星表面的物体。大多数陨石来自小行星带，小部分来自月球和火星。陨石多半带有地球上没有或不常见的矿物组合，以及经过大气层高速燃烧的痕迹。

月球的奇异现象

　　月球表面既无大气，也无水分，没有风霜雪雨，没有江河湖海，更不要说鸟语花香的生命现象了。一句话，月球是个死寂的星球。

　　但是，这并不意味着月面上什么变化都没有发生过，它表面的辉光现象、红色斑点，还有红色的发光现象都引起了科学家们不少的兴趣和关注！下面就让我们一起走进月球中的奇异现象吧！

▶ 月球的奇辉

　　月球表面既无大气，也无水分，没有风霜雪雨，没有江河湖海，更不要说鸟语花香的生命现象了。一句话，月球是个死寂的星球。

　　但是，这并不意味着月面上什么变化都没有发生过，它表面的辉光现象就是一例。月球表面有时突然出现某种发光现象，甚至还有颜色变化，它引起了天文学家们的兴趣和关注。

　　1958 年 11 月 3 日凌晨，前苏联科学家柯兹列夫在观测月球环形山的时候，发现阿尔芬斯环形山口内的中央峰变得又暗又模糊，并发出一种从未见过的红光。2 个多小时之后，他再次观测这片区域时，山峰发出白光，亮度比平常几乎增加了一倍。第二夜，阿尔芬斯环形山才恢复原先的面目。

　　柯兹列夫认为，他所观测到的是一次比较罕见的月球火山爆发现象。他说，阿尔芬斯环形山中央峰亮度增加的原因，在于从月球内部向外喷出了气体，至于开始时山峰发暗和呈现出红色，那是因为在气体的压力下，火山灰最先冲出了火山口。

　　柯兹列夫的观点遭到了一些人的反对，其中包括一些颇有名望的天文学家。他们承认阿尔芬斯环形山的异常现象是存在的，但认为不能解释为通常的火山爆发，而是月球局部地区有时发生的气体释放过程。在太阳光的照耀下，即使是冷气体也会表现出柯兹列夫所注意到的那些特征。

　　早在 1955 年，柯兹列夫就在另一座环形山——阿利斯塔克环形山口，发现过类似的异常发亮现象，他也曾怀疑那是火山喷发。1961 年，柯兹列夫又在阿利斯塔克环形山中央观测到了他熟悉的异常现象，不同的是，光谱分析明确证实这次所溢出的气体是氢气。

　　这类现象究竟应该怎样解释呢？是火山喷发，还是气体释放，或者是其他什么现象呢？还有待科学家们的进一步研究。

▶ 红色斑点

　　天文学家们还不止一次在月面上发现神秘的红色斑点。也是在那个阿利斯塔克环形山，美国洛韦尔天文台的两位天文学家在观测和绘制它及其附近的月面图时，先后两次在这片地区发现了使他们惊讶的红色斑点。

　　第一次是在 1963 年 10 月 29 日，一共发现了 3 个斑点：先是在阿利斯塔克以东约 65 千米处见到了一个椭圆形斑点，呈橙红色，长约 8 千米，宽约 2 千米。在它附近的一个小圆斑点清晰可见，直径约 2 千米。这两处斑点从暗到亮，再到完全消失，大约经历了 25 分钟的时间。第三个斑点是一条长约 17 千米、宽约 2 千米的淡红色条状斑纹，位于阿利斯塔克环形山东南边缘的里侧，出现和消失时间大体上比那 2 个斑点迟约 5 分钟。

　　第二次他们观测到奇异的红斑是在一个月之后的 11 月 27 日，也是在阿利斯塔克环形山附近，红斑长约 19 千米，宽约 2 千米，存在的时间长达 75 分钟。这次由于时间比较充裕，不仅有好几位洛韦尔天文台的同事都看到了红斑，他们还拍下了一些照片。为了证实所观测到的现象是确实存在的，他们还特地给另一个天文台打了电话，告诉那里的朋友们赶快观测月球上的异常现象，但故意没有说清楚是在月球上的什么地方。得到消息的天文台立即用口径 175 厘米的反射望远镜（那两位洛韦尔台的天文学家用的是口径 60 厘米折射望远镜）进行搜寻，很快就发现了目标。结果是，两处天文台观测到的红斑的位置完全一致，说明观测无误。红斑确实是存在于月面上的某种现象，而不是地球大气或其他因素造成的幻影。

　　这两次色彩异常现象都发生在阿利斯塔克环形山区域，而且都是在它开始被阳光照到之后不到两天的时间内。考虑到这些方面，有人认为月面上出现红色斑点的现象可能并不太罕见，只是不知道它们于什么时间、在什么地区出现，而且出现和存在的时间一般都不长，要观测到它们就不那么容易了；此外，需要具备较大和合适的观测仪器，以及丰富的观测经验和技巧；同时，认为这类现象可能与太阳及其活动有关。另一种意见则认为，这类变亮和发光现象经常发生，单是在阿利斯塔克环形山区域，有案可查的类似事件至少在300起以上，表明它们是由于月球内部的某种或某些常存原因引起而形成的。

知识小链接

反射望远镜

反射望远镜是使用曲面和平面的面镜组合来反射光线，并形成影像的光学望远镜，而不是使用透镜折射或弯曲光线形成图像的屈光镜。反射式望远镜所用物镜为凹面镜，有球面和非球面之分。比较常见的反射式望远镜的光学系统有牛顿式反射望远镜与卡塞格林式反射望远镜。

1969年7月，首次载人登月飞行的"阿波罗11号"宇宙飞船，在到达月球附近和环绕月球飞行时，曾经根据预定计划，对月面上最亮的这片阿利斯塔克环形山地区进行了观测。这座著名环形山的直径约37千米，山壁陡峭而结构复杂，底部粗糙而崎岖。飞船指令长阿姆斯特朗是从环形山的北面进行俯视的。他向地面指挥中心报告说："环形山附近某个地方显然比其周围地区要明亮得多，那里像是存在着某种荧光那样的东西。"遗憾的是，宇航员们没有对所观测到的现象作进一步的解释。

红色发光现象

就在洛韦尔天文台的两位科学家发现阿利斯塔克环形山附近的红斑时，英国的两位科学家注意到了另一个著名的环形山——开普勒环形山也存在类似现象。开普勒环形山在阿利斯塔克环形山东南方向，直径约 35 千米，是带有辐射纹的少数环形山之一。1963 年 11 月 1 日，英国曼彻斯特大学的两位研究人员，在拍摄开普勒环形山及其附近地区的照片时，注意到就在这片地区内，在 2 小时内 2 次出现了红色发光现象，发光面积大得使他们惊讶，每次都超过了 10 000 平方千米。

拓展阅读

曼彻斯特大学

曼彻斯特大学，简称"曼大"，是一所门类齐全，科系众多的综合性大学。位于曼城市中心的大学村内。曼大的前身是建于 1851 年的欧文斯学院，1880 年升格为维克多利亚曼彻斯特大学，1903 年被正式命名为曼彻斯特大学。

拓展思考

紫外线

紫外线是一种电磁波，波长小于可见光。大部分地球表面的紫外线来自太阳。紫外线是伤害性光线的一种，经由皮肤的吸收，会伤害 DNA，当 DNA 遭受破坏，细胞会因而死亡或是发展成不能控制的癌细胞。

他们从 3 个方面对这次有色现象提出了自己的见解。首先，他们指出持续时间不长而面积那么大的发光现象，不可能由某种月球内部原因造成，而应该是起因于太阳。其次，他们认为，由于月球不存在大气，月面受到紫外线、X 射线、γ 射线等全部太阳辐射的猛烈袭击，这时，月面的某些地方有可能被激发而发光，面积也可能比较大。再次，他们明确提出，开普勒环形山这 2 次发光现象的根源在于太阳面上出现了耀斑。11 月 1 日那天，太阳上出现了 2 次规模不算大的小耀斑，它们的时间间隔与开普勒环形山的 2 次红色发光现象的时间间隔基本一致。

两位英国科学家的观点比较新颖，但他们没有得到广泛的支持。如果他们把月面辉光现象与太阳耀斑联系在一起的解释是正确的话，那么，月球发光现象也该有周期性，而且在太阳活动极大、耀斑出现较多的那些年份里，红斑现象也应该出现得更多、更频繁。但观测表明，这样的事从来没有发生过。

亮　点

1985 年 5 月 23 日，希腊的一位学者正在调试自己的门径为 11 厘米的折射望远镜。当时月球的月龄为 4，也就是从月朔算起，大体上只过了 4 天的时间。在连续拍摄的 7 张月球照片中，有一张吸引了大家的注意，照片上出现了一个事先没有预料到的清晰的亮点。经过核查，亮点位于月球明暗界线附近的普洛克鲁斯 C 环形山地区。

拓展阅读

希腊

希腊共和国，简称希腊，位于欧洲东南部巴尔干半岛南端。陆地上北面与保加利亚、马其顿以及阿尔巴尼亚接壤，东部则与土耳其接壤，濒临爱琴海，西南临爱奥尼亚海及地中海。被誉为是西方文明的发源地。

对此，这位希腊学者提出了一个大胆的假设。他认为：由于月面没有大气，被太阳照亮的月面部分的温度，与没有太阳照亮部分的温度相差悬殊。当太阳从月面上某个地区日出时，也就是从那些正好处在明暗界线附近的地区日出时，一下子从黑夜变为白天的那部分月面温度迅速升高，从 $-100℃$ 升到 $100℃$。强烈而迅速的温度变化使得月球岩石胀裂开来，被封闭在岩石下面的气体突然冲到月面，迅速膨胀，产生了明亮而短暂的发光现象。

最近，美国的一位通信工程师也提出了类似的看法。他曾检测过一些从月球上采集回来的月球岩石标本，发现岩石中含有像氦和氩之类的挥发性气体。他认为，月岩热破裂时释放出来的电子能，完全有可能把挥发性气体点燃，引起短暂的闪光现象。他还表示，他的设想并非毫无根据，据说，月球岩石在地面实验室里进行人工断裂时，确实曾放出过小火花。

过去也确实有人多次在月球明暗界线附近发现过这类短暂的发光现象。但是，在得不到阳光的月球阴暗部分，也曾观测到过这种闪闪发光的现象。这又该如何解释呢？

◑ 短暂现象

早在 1787 年，英国著名天文学家赫歇耳就曾观察到过月球表面的红色辉光。最近这些年来，月球上的辉光、雾气、彩斑现象似乎有所增加，这也许与观测手段的发展有关。这些被称为"月球短暂现象"的变幻现象，日益引起各国天文学家的关注。

到目前为止，已经记录到的"月球短暂现象"数以千计，也许其中的一部分是由于大气干扰等原因造成的错觉或幻觉，但短暂现象的存在是否定不了的。

这类短暂现象的范围一般都不大，方圆一二十千米，平均持续时间一二十分钟到半个多小时，而且多数都发生在地质年龄比较轻的那些环形山附近。譬如阿利斯塔克、阿尔芬斯等环形山以及月面洼地的边缘地区。应该相信这绝不是偶然的现象。

至于这些短暂现象的原因是什么，一直众说纷纭。即使是证据充分、很有说服力的火山喷发和火山活动学说，也没能得到多数人承认。其中很致命的一点是：不论是地面观测还是宇航员亲临月球的考察，都没能找到新喷射出来的熔岩痕迹，也没有看到月面局部面貌有所改变。前面提到的其他论点，以及认为是地球的潮汐作用触发月震、月震转而又使密封在月岩下面的气体冲向月面等观点，那就更不完善了。

知识小链接

熔 岩

熔岩，是已经熔化的岩石，以高温液体呈现，常见于火山出口或地壳裂缝，一般温度在700℃～1200℃。虽然熔岩的黏度是水的10万倍，但也能流到数里以外后才冷却成为火成岩。

有人把月球短暂现象称作"变幻无常的月球现象"。说它"变幻无常"，反映了我们对它的来龙去脉还不清楚，但事实真相总会有大白的一天，尤其是发生在离我们这么近的月球上的现象。

▶ 月球质量瘤

在人类对月球的一系列发现中，有这么一种奇怪的现象：月球体内存在着不寻常的物质瘤，而且不止一个。月球也会生病吗？月球怎么会长瘤子呢？这是什么类型的瘤子？就像医生通过仪器给人体检，发现病人体内有变异的肿块一样，科学家们已经确诊，月球体内有"肿瘤"。

月球体内的质量瘤不是科学家用什么仪器给月球体检发现的，而是根据月球对绕它运动的人造天体的引力变化推测出来的。1966年8月至1967年8月，美国为人类登月积极做准备，先后共发射5个"月球轨道环行器"飞船。它们航行到月球后，成为环绕月球运动的人造月球卫星，实现对月球近距离的全面考察。

"环行器"飞船在环绕月球运动的过程中，有时发生莫名其妙的抖动和倾斜。这种令人担忧的不正常运动，引起宇航员的充分注意。他们发现，每当"环行器"飞船接近月面的环形月海时，便产生抖动和倾斜。飞船与月面最近时有 40 多千米，难道这种奇怪的抖动真与月海有什么关系吗？月海表面非常平坦，它上面能有什么奇异的物质呢？这或许是什么巧合？科学家们经过严密的思考和多次验证，判定这和环形月海下面的物质有关系，更进一步说，和环形月海的形成有密切关系。

科学家们肯定了这种对应关系以后，进一步思考的是：月海是怎样形成的呢？月海下面有什么奇特的物质吗？到底是什么力量引起飞船抖动呢？是什么波的干扰，还是什么光的作用？看来都不可能。最大的可能就是引力增强这个因素。

接下来要继续思考的问题是：为什么这些月海产生引力增强呢？很自然，月海下面应有高密度的异常物体。这种物体在月球体内就像"肿块"一样。因此，科学家们给这种物质起了一个形象化的名字，叫"月球质量瘤"。也有人称之为"重力瘤"或"聚积物"。

1968 年，美国加利福尼亚理工大学喷气推进实验室的科学家谬拉，根据约 9000 个经"环行器"飞船测过速度的点，绘制出一幅月球重力场不平衡图。通过研究，在月球正面发现 6 个环形月海下面存在质量瘤。1969 年，又在其他月海下发现 7 个质量瘤。这些月海分别是：雨海、澄海、危海、酒海、湿海、史密斯海、洪堡德海、东海、中央湾和暑湾。

月球质量瘤不仅影响着"环行器"飞船绕月飞行，同样也影响其他环绕月球飞行的人造月球卫星的运行。只有对这种月球质量瘤有比较确切的了解，才能准确决定环绕月球的"停靠"轨道，使登月舱顺利进入椭圆着陆轨道。"阿波罗 10 号"飞船环绕月球飞行的主要任务之一，就是测出月球重力变换的状况。为此，它绕月飞行了 31 圈，共 61 小时 36 分。

现已查明，月球在一些方面表现为不对称性。其中向着地球的一面发现了 11 个质量瘤，背着地球的那面仅有 2 个质量瘤。为什么会形成这种格局呢？现在还不清楚。

要想揭开月球质量瘤之谜，非得了解月海是如何形成的不可。

早在 19 世纪末，美国地质学家吉尔伯特就注意到月海的特征。他首先提出雨海的形成问题。他认为雨海是典型的环形月海。外来的巨大陨石撞击在月面上，将月球内部岩浆诱出，大量岩浆漫布月面，而破碎的陨石物质及月面物质被抛向四周，因而形成环形月海。这就是吉尔伯特提出的"雨海事件"。据计算，这次事件的"肇事"陨石直径约 20 千米，它以每秒 2.5 千米的速度撞击月面。对月球考察的许多事实支持了吉尔伯特的观点，这也就是月海形成的外因论。美国"阿波罗 14 号"载人飞船的着陆点，就选在雨海事件的喷射堆积物——弗拉·摩洛地区上。从这里采集的岩石样品几乎都有遭受过冲击和热效应的明显特点。

雨海的面积约 88.7 万平方千米，比我国青海省稍大一点。在 22 个月海中，雨海面积仅次于风暴洋，居第二位。它和风暴洋、澄海、静海、云海、酒海和知海构成月海带。从地形的角度看，它是封闭的圆环形，四周群山环抱，属典型的盆地构造。从地势的角度看，雨海地区非常复杂，极为壮观。它囊括了月面构造的诸多方面。因此，雨海区域很早就引起了天文学家们的兴趣。

从月海形成的外因论看，月面学家又找到一个最有说服力的典型冲击盆地，它就是享有盛名的东海盆地。东海盆地主要在月球背面，直径约 1000 千米。它的中央区是东海，东海直径约 250 千米。人造月球卫星拍下了清晰的东海和东海盆地的照片，充分显示出东海外围有三层山脉包围，形成巨大的环形构造区。

与此同时，也有些科学家认为，环形月海是月球自身演化的产物。他们根据月海玄武岩年龄鉴定，推知月海玄武岩有 5 次喷发，大致时间是在距今 39 亿年前至 31 亿年前之间。月海形成的先后次序为：酒海—澄海—湿海—危海—雨海—东海。

然而，上述提到的只是假说，还没有形成定论。月海到底是如何形成的，还有待进一步研究。

月球质量瘤是如何形成的呢？目前的看法也分内因说和外因说两个体系。

内因说认为，外来的陨石对月面轰击，诱发月球内部密度较大的熔岩流出。我们已经知道，月海是由比重为每立方厘米重 3.2～3.4 克的玄武岩组成。相比之下，月面高地主要由富含长石的岩石组成，它们的比重小于每立方厘米 2.9～3.1 克。可见，填充月海的熔岩远比月面高地的岩石密度大。月球正面环形月海又多，从而显现出质量瘤与月海共生的局面。那么，为什么非环形月海没有与质量瘤共生的对应关系呢？持内因论的月质学家指出，这是因为环形月海流出的填充熔岩比非环形月海填充的熔岩厚很多。两者只有数量上的不同，没有本质上的区别。

拓展阅读

月质学

月质学研究月球的月表特征、物质组成、地质构造、物理场、内部结构、演化历史、月球成因与地月系的起源，是 20 世纪 70 年代诞生的一门新兴学科。

主张外因论的月质学家则认为，环形月海都是由外来的陨石撞击月面形成的。这些小天体的密度比初始的月壳密度要大，因此砸入月面形成体内"肿瘤"。也就是说，质量瘤是外来天体的残余与月岩的混合物。诚然，这些依然只是假说，月球质量瘤还是一个未解之谜。

深藏在月球体内数十亿年的异物，没有逃出科学家们的慧眼。对月球质量瘤的探测和研究，为月质学、月球飞行学、月球演化学和月球测量学提供了重要的信息；对研究月球内部结构、探索月表结构的演化，特别是判别环形月海的形成都有直接帮助；对研究早期的太空环境，特别是地月系空间环境更有重要意义。

月球奇怪的密度

在人类登上月球之前，科学家们已经知道，"月球的密度大约是地球密度的一半（这里指的是平均密度）"。实际的月球密度约为地球密度的 6/10，也就是说同体积的地球土壤要比同体积的月球"土壤"约重一倍。这使科学家们感到十分困惑，这种差别究竟是如何造成的呢？

科学家中以哈洛德·尤里博士为首的几个人认为，月球的平均密度较小也许是由于"重心"空虚所致。威尔金斯博士则猜测是月球部分中空造成了这一现象。在《我们的月球》一书中，这位英国天文学家这样说明了他得出上述结论的来龙去脉："月球上可能存在着许多自然的空洞和洞穴，它们往往很大。然而，如果月球是以花岗岩同样的过程形成的，那么就不能认为它内部居然会形成体积达 7720 万立方千米的空洞。""在月面下 32 至 48 千米深的地方，应当多少有一些空洞。在我们无法见到的月球深处存在着洞窟和裂隙，它们通向月面的裂缝和洞孔——我确信这一点。"

所有科学家，至少是所有天文学家都一致认为，当月球内部是空洞被确实证明时，他们便承认月球本身就是一艘宇宙飞船。所有对月球之谜的猜测都得出结论说，月球内部的空洞不应是自然形成的。

美国康奈尔大学态度保守的卡尔·萨根博士也赞成这种意见。卡尔·萨根博士与前苏联科学院的天体物理学家约瑟夫·希克罗夫斯基合著了《月面的智慧生物》一书，于 1960 年首次出版。约瑟夫·希克罗夫斯基当时提出，火星的卫星内部存在空洞，有可能建有"空洞基地"。在这本书中，卡尔·萨根博士说："自然形成的卫星不应当存在内部空洞。"其他科学家一般也认为，月球如果中空的话，就应当是人工所成。绕来绕去总要回到瓦欣和谢尔巴科夫的假说上。这两位前苏联科学家经过多年研究得出的结果认为，月球内部有可能是空洞。他们假定："如果什么人要发射人造卫星的话，就会将人造卫星制成中空的，与此相仿，在月球宇宙飞船内部肯定贮存着供发动机使用的燃料。"

康奈尔大学

康奈尔大学是一所位于美国纽约州伊萨卡的私立研究型大学，另有 2 个分校区分别位于纽约市和卡塔尔教育城。

瓦欣和谢尔巴科夫推测月球内部是一个空洞，列举了月球密度的证据：月球的密度为 3.33 克/立方厘米，而地球密度是 5.5 克/立方厘米，相差悬殊。月球内部的空洞造成了这种现象。他们两人得出结论说，月球的直径达 3476 千米，个头如此之大而密度如此之小，由此可认为月球有一个较薄的壳体。1959 年，著名科学家约瑟夫·希克罗夫斯基因为提出了火星卫星是中空的假说，被人讥笑为"神经出了毛病"。他以各种证据为基础反复研究得出结论说："火星有 2 个卫星都是中空的，可能是人造卫星。"

◉▶ 月球像一个中空球体一样鸣响不已

在月球内部还有一个证明"月球是中空球体"的证据。

使用科学装置反复实验的结果，使美国航空航天局的科学家及全世界的科学家们得以获得大量月球内部的资料。美国宇航员以月面为基地设置了高灵敏度的月震仪将月震资料发送回地球。其中一台由"阿波罗 11 号"的宇航员设置在静海，另一台由"阿波罗 12 号"的宇航员设置在风暴洋。设在月面的月震仪十分精密，比在地球上使用的地震仪灵敏度高上百倍，它能测出人们所能在月面造成的震动的百万分之一的微弱震动，甚至记录到宇航员在月面上行走的脚步声。

在人类首次对月球内部进行探测的过程中，"阿波罗 12 号"的宇航员在乘登月舱返回指令舱时，用登月舱的上升段撞击了月球表面，随即发生了月震。这场月震使正在进行观测的美国航空航天局的科学家们惊得目瞪口呆：月球"摇晃"了 55 分钟以上，而且由月面地震仪记录到的月面"晃动"是从微小的震动开始逐渐变大的。从震动开始到消失时间长得令人难以置信。震动从开始到最大强度用了七八分钟，然后震动逐渐减弱直至消失。这个过程用了大约一个小时，而且"余音袅袅"，经久不绝。在地球上这种现象是绝对不可能发生的。

地震研究所负责人莫里斯·云克在当天下午的电视新闻节目中向公众传达了这个令人惊异的事实："月球还在晃动。"他无可奈何地承认，为什么会造成这种震动他也说不清楚。据云克说，要直观地描述一下这种震动的话，它就像钟声在响——敲响了教堂的大钟，声音鸣响了 30 分钟。实际上他还不知道，月球的"晃动"持续了 1 个小时，是 30 分钟的一倍。

美国马萨诸塞州技术研究所的弗朗克·普莱斯博士的看法相当直率："我们从来都是先作出假设然后进行研究，而今天我们面临的是地球从未有过的事实，是一次莫大的经验。光是月球的震动持续了 30 分钟我们就难以理解，其原因何在呢？这一发现肯定全然否定了我们的预想。"总之，这场月震显然给瓦欣和谢尔巴科夫的假说提供了机会。如果月球的壳体为金属质的而且坚硬，内部是空洞的话，"阿波罗"飞船造成的月震自然应当像巨大的钟鸣那样持续甚久，事实也是如此。

其他科学家也很难对这种现象作出恰当的解释。理查德·路易斯在《阿波罗的宇宙旅行》中这样写道："在发射'阿波罗 12 号'时，人类对月球的构造理应有了一些新的发现。人们不是把月球的自然环境和它的详细情况称为 20 世纪之谜吗？"美国麻省理工学院的普莱斯博士（曾担任美国前总统卡特的科学顾问）是最早试图对此作出解释的科学家中的一个。他解释说，由于登月舱上升段坠落的撞击，也许在月面的广大地区内造成了如同雪崩或瀑布般的崩塌。他的说法绝非无稽之谈，因为震动确实持续了很长时间，震动从开始达到最强用了七八分钟，衰减到一半时用了 20 分钟，随后震动逐渐减弱，总共持续了 1 个小时。

还有一位科学家解释说，当登月舱的上升段撞击月面时，月面的尘埃和岩石碎块高高飞起，等它们全部落至月面肯定需要 1 个小时。另外一位科学家说，也许这是登月舱本身的问题。也就是说，当登月舱和上升段垂直坠落时其情形恰与一架飞机坠落时相仿，其碎片和残骸会分崩离析，飞向四周。

《科学新闻》杂志对这种没有说服力的解释提出了疑问："如果没有别的原因，单是登月舱的上升段撞击月面，很难想象会发生如此长时间的巨大震动。月面岩石碎块和尘埃散落的解释同样是不能令人接受的。""月钟"鸣响在"阿波罗 12 号"造成奇迹后，科学家们特别是地震学家们期待下一次对月球的撞击。"阿波罗 13 号"随后飞离地球进入月球轨道，宇航员们用无线电遥控飞船的第三级火箭使它撞击月面。当时的撞击相当于爆炸了 11 吨 TNT 炸药的实际效果，撞击月面的地点选在距"阿波罗 12 号"宇航员设置的月震仪 140 千米的地方。

知识小链接

炸 药

炸药，能在极短时间内剧烈燃烧（即爆炸）的物质，是在一定的外界能量的作用下，由自身能量发生爆炸的物质。

月球再次震撼了。如果借用地震学上的术语来说就是"月震实测持续 3 个小时"。月震深度达 35 ~ 40 千米，直到 3 小时 20 分钟后才逐渐结束。科学家们更感到惶惑了。美国航空航天局的地震学家面面相觑，没有一个人能够得出令人满意的解释。

如果"月球—宇宙飞船"假说并非谬误，那么这种月震就在预料之中，月球是一个表面覆盖着坚硬外壳的中空球体，如果撞击那个金属质的球壳，当然会发生这种形式的震动。

◉ 月球就像一个巨大的铜鼓

下一个撞击月面，进行月震实验的是"阿波罗 14 号"的 S – 4B 上升段，仍采用无线电遥控的方式使其撞击月面。月球像预料的那样再次震颤起来。据美国航空航天局的科学报告说，月球对撞击的反应就像一个铜鼓被敲击，震动持续了 3 个小时，深达月面下 34 ~ 40 千米。月震实验的地点距"阿波罗 14 号"的宇航员设置的地震仪 174 千米远。当"阿波罗 14 号"的宇航员们乘登月舱返回"小鹰"号指令舱时，"月钟"正在震响。上升段自重 2200 千克，当时对月面撞击造成的效果相当于炸了 726 千克 TNT 炸药，振动持续了 90 分钟。

美国航空航天局的科学报告说："这次小小的月震，开启了科学的新时代，不管是人为的还是自然的。设在月面 2 个地点的月震仪都同时记录到上升段撞击月面一瞬间的震动。"据稍后进行的观测（使用"阿波罗 12 号"、"阿波罗 14 号"、"阿波罗 15 号"的宇航员设在哈德利·亚平宁地区的 3 台地震仪），"阿波罗 15 号"制造的月震甚至传到了距撞击地点 1127 千米远的风暴洋。如果用同样的方式在地球上制造地震，地震波只能传播一两千米，也不会出现持续 1 小时之久的震动。这次月震还穿过风暴洋到达设在弗拉·摩洛高地的地震仪。

毫无疑问，地表下由地壳构成的地球在发生地震时所发生的反应与中空的月球在发生月震时的反应是完全不同的。地震研究所的主任研究员莱萨姆认为，这种在地球上绝对不可能发生的现象令科学家们感到迷惑不解，这显然是由于地球和月球的内部构造不同造成的。事实上，科学家们强调指出，根据月震记录分析，月球内部并不是冷却的坚硬熔岩。科学家们认为，尽管不能得出月球这种奇怪的"震颤"意味着月球内部是全空洞的结论，但可知月球内部多少存在着一些空洞，人为制造的月震全都得出了相同的结论。最大的一次月震造成的月面震动持续了 4 个小时。但是甚至连如此奇怪的现象也未能打动一些"铁石心肠"的科学家的心。为数不多的几个科学家仍坚信，至少别的月震实验证明，月球的核心是坚硬的。

如果站在"月球—宇宙飞船"假说的立场上进行推测的话，就应当得出月球内部存在着许多人工建筑物的结论。美国航空航天局的一位科学家说，月球内部也许存在两个类似横梁的、长达上千千米的金属质月震构造带。月球有着一个坚固内核的原因，大概要归于这种构造带的存在。

现在有一个问题，那就是设在月面上的月震仪之间的距离过于邻近，如果这些月震仪能够设置得彼此远一些的话，就能确切无疑地证明月球中空。美国中西部天文观测站的天文学家们曾在广播节目中就《月球宇宙飞船之谜》一书进行了讨论，认为"月球有可能是中空的"。不过遗憾的是，现已得到的月面地震仪测定所得的证据还不是确切的和具决定意义的，因为在测定月震的横波和纵波方面，那些月震仪设置得过于接近了，显得无能为力。

如果月球确实是中空的，那么纵波根本不会通过月球中心，而横波则会在月球的壳体上往复震荡经久不息。纵、横月震波传播时间的差异，使我们得以证明月球内部是否中空，然而这种证明是没有把握的。这是为什么呢？

在回答这一疑问之前，我们心中会自然而然地冒出一个重要的疑问，那就是在月球内部是否存在一个月核？

科学记者理查德·路易斯介绍说，由于月球密度较小，以尤里博士为代表的一些科学家提出，并不存在什么月核。而在一些地球物理学家中有人并不赞成尤里博士等人的看法。科学家们期待着有一个巨大的陨石坠落月面，因为他们认为，通过测定陨石对月球的撞击，就能确定是否存在月核。这些科学家运气不错，这种发生概率只有百万分之一的罕见事情居然发生了。

1972 年 5 月 13 日，一个巨大的陨石撞击了月面，其效果相当于爆炸了 200 吨 TNT 炸药。参与"阿波罗计划"的科学家给这个陨石起名为"巨象"。"巨象"给月球造成的震动确实传进了月球内部，但如泥牛入海般毫无反响。美国航空航天局负责月震实验的莱萨姆博士认为应当继续观测这一罕见月震传入月球内部的现象，因为肯定会有来自月核的反应，也就是说"巨象"会将震动传至月球内部，而且这种震动应当多次反复，然而事实上什么也没有发生。科学家们又困惑了，也许正如尤里博士所主张，月球也许不存在内核，而有一个巨大空洞。

尤里博士说，之所以没有横波是由于震动在传至月球内部时，碰上了某种"柔软"的物质，于是撞击造成的震动被吸收，但是这种解释与起初所说"越往月面深处越坚硬"的说法相矛盾。由此看来，认为月球内部完全中空或部分中空的看法不是更自然些吗？但这并非"自然所成"，科学家们也许不难解释。在《月球居民》一书中，亚宾·麦凯尔森指出，尽管人类正确地了解月球自转已有 300 年了，可是对月球的惯性因素甚至连想当然都做不到。他的这番话还不能说明科学家们面对月球之谜的所有窘态吗？

如果假定月球本身是一艘宇宙飞船，那么科学家当然会推测月球内部会存在某种建筑物。如果不这样的话，一般认为的横波和纵波的特征会成为使人们困惑

拓展阅读

宇宙飞船

宇宙飞船又称"载人飞船"，是一种运送航天员、货物到达太空并安全返回的一次性使用的航天器。它能基本保证航天员在太空短期生活并进行一定的工作。

的根源，正如人们在过去的月震中所见到的那样。因为它们与实际月震情况不符。在最初的对月球运转的研究中，有迹象表明月球是一个中空的球体。月球的惯性系数在了解到月球内部的密度分布后就可以确定。起初，这个数字是 0.6 克/立方厘米，这说明月球内部可能中空；但在以后的研究中这个结果又发生了变化，这让科学家们颇感头疼。在此必须指出，这种事实使我们不能不导出"在我们尚不了解的月球内部存在着各种建筑物"的结论。这个结论使我们得到了有关月球性质的正确认识，这也是不可无视"月球—宇宙飞船"假说的重要因素。

种种研究结果都说明月球内部存在空洞。无论是早期的麦克唐纳博士的研究还是其后所罗门博士的月球重力的研究，都说明月球内部可能存在空洞。持续 4 小时之久的震动难道不能说明空洞的存在吗？要是疑问还是不能得到解答的话，那么我们便不得不转而考虑瓦欣和谢尔巴科夫的假说，把月球当作一艘宇宙飞船来研究。

据某位消息灵通人士说，美国航空航天局将公开表示要认真看待"月球—宇宙飞船"假说，这倒是桩耐人寻味的事。现任史密森尼安研究所所长，过去曾是美国航空航天局成绩卓著的科学家的法尔克·埃尔·巴斯博士，曾受当局之命进行过一项特别实验，以研究月球内部是否确实存在空洞。据他说，这项未公开的实验当然是秘密进行的，"对月球内部还未有所发现，但可以设想存在大量空洞，实验就是为了搞清这一现象而进行的"。这项实验的结果没有只字片纸公之于众，事实上至少在法尔克·埃尔·巴斯博士对《萨加》杂志发表谈话之前，他还没有接触到这项实验。《萨加》杂志在美国也是一流的刊物，它一直积极从事对 UFO 的研究，专揭政府对宇宙研究秘而不宣的"老底"。

为什么美国政府把一切与月球之谜有关的研究都列为机密呢？原来美国政府、航空航天局以及军方都对月球内部存在空洞——外星人的基地表示怀疑。

拓展阅读

物理学

物理学是研究物质世界最基本的结构、最普遍的相互作用、最一般的运动规律及所使用的实验手段和思维方法的自然科学，简称"物理"。

亚宾·麦凯尔森在《月球居民》一书中指出，对月球内部的密度等的研究表明，月球内部的密度并不均匀，也就是说密度最高的部位靠近月面，所以可以假定月球中空。但问题在于，月球密度的不均匀也许能确切证明月球的运行轨道，但在基本的物理学意义上还存在未知的因素，这种运行状态下月壳应当崩溃，所以难以捉摸。也许月壳之所以不会崩溃是因为它不是自然形成的，而是用高强度金属建造的宇宙飞船的外壳。这样就解答了麦凯尔森的疑问，还推证了"月球—宇宙飞船"假说的正确性。

月球的资源价值及未来的开发构想

　　月球有丰富的矿藏。据介绍，月球上稀有金属的储藏量比地球还多。月球上的岩石主要有三种类型，第一种是富含铁、钛的月海玄武岩；第二种是斜长岩，富含钾、稀土和磷等，主要分布在月球高地；第三种主要是由 $0.1\sim1$ 毫米的岩屑颗粒组成的角砾岩。月球岩石中含有地球中全部元素和 60 种左右的矿物，其中 6 种矿物是地球没有的。

丰富的矿产资源

对月球岩石的样品进行分析，发现月球上的岩石主要有 3 种类型。第一种是富含铁或钛的月海玄武岩。暗色的月海玄武岩主要由单斜辉石、基性斜长石和钛铁矿组成，有时含橄榄石和磷灰石，或微量硫铁和金属铁等。登月已取回的岩石中共发现 20 多种玄武岩的类型。根据氧化钛的含量可将月海玄

由"阿波罗 12 号"载人登月
飞船运回的克里普岩样品

武岩分为高钛、低钛和极低钛。这些玄武岩的特点是富钛富铁，无含水矿物，氧逸度低，无三价铁出现，具有多样的细粒至粗粒结构。第二种是斜长岩，富含钾、稀土和磷的岩类等。斜长岩由95%的斜长石及少量低钙辉石组成，主要分布在月球高地。第三种是由大小为0.1~1毫米的岩屑颗粒组成的角砾岩，是撞击作用的产物。角砾岩可分为破碎状斜长岩、部分熔融的角砾岩、复矿碎屑角砾岩和深变质的喷出岩。

知识小链接

稀 土

稀土，曾称"稀土金属"，或称"稀土元素"，是元素周期表第Ⅲ族副族元素钪、钇和镧系元素共17种化学元素的合称。

用光谱分析鉴别出月岩中含有地壳里的全部元素和60种左右的矿物，其

中有 6 种矿物是地球上所没有的。难熔元素约占月球质量的65%，富铁及难熔元素的残余液体凝结组成250千米厚的月球外壳。在月球土壤中，氧占40%，它是推进剂和受控生态环境生命保障系统的供氧源；硅占20%，它是制作太阳电池阵的原材料。其他元素的比例是，铅6%～8%、镁3%～7%、铁5%～11.3%、钙8%～10.3%、钛5%～6%，钠、钾、锰含量占千分之几，锆、钡、钪、铌含量为万分

月球将成为未来人类重要的能源采掘基地，为此各国也将为争夺月球资源开始激烈的竞争

之几。科学家们把月球土壤样品加热到2000℃，发现有惰性气体从月壤中逸出，其中有氦、氩、氖、氙等放射性粒子。月球上还富含地球上少有的能源氦3，它是核聚变反应堆的理想燃料。从月球岩石标本上还发现有一层很薄的无锈铁薄膜。起初科学家们推测，假如让这种铁处在地球条件下，定会立即被氧化锈蚀，然而，经过实验发现，这种铁不会被氧化，是通常所说的"纯铁"。纯铁对人类非常有用。据估计，在发达国家里，每年因金属腐蚀造成的损失大约占国民经济收入的1/10。如果能在月球上生产纯铁，运回地球上使用，不仅填补了一项空白，而且会获得很大的经济效益，无疑是对人类的一大贡献。

开采月球的天然矿藏是十分有吸引力的，在月球基地上将材料加工成最终产品，供空间和地面使用，预计是一项高效益的产业，其前景非常诱人。

▶ 未来的能源基地

能源是人类生存、发展面临的最严重的问题之一。未来解决能源不足的出路有二：一是太阳能，二是核能。月球取样标本的化验和分析、氦3的发现，给月球研究和探测工作注入了新的兴奋剂，尤其受到了能源专家的重视。但是，月球氦3的形成和分布特征、贮量和应用，仍是月球科学研究中亟待解决的问题，只有通过大量的探测和重返月球野外实地考察，才能获得较为满意的答案。

基本小知识

太阳能

太阳能，一般指太阳光的辐射能量。在太阳内部进行的由"氢"聚变成"氦"的原子核反应，不停地释放出巨大的能量，并不断向宇宙空间辐射能量，这种能量就是太阳能。

各国将在月面采集氦3等战略资源，
并通过微波方式向地球传送

月球的表面土壤由岩石碎屑、粉末、角砾岩、玻璃珠组成，结构松散且相当软。月海区的土壤一般厚4~5米，高地的土壤较厚，但也不过10米左右。月球土壤的粒度变化范围很宽，大的几厘米，小的只有1毫米或数十微米，这些细土一般称为"月尘"。月球土壤中大部分是细小的角砾岩及玻璃珠，占70%左右，小颗粒状玄武岩及辉长岩约占 13% 。惰性气体在月球玄武岩和高地角砾岩中含量极低，大气中就更低，几乎为零。然而，月壤和角砾岩中亲气元素则相当丰富，这是由于太阳风的注入，太阳风实际上是太阳不断向外喷射出的稳定的粒子流。1965 年"维那 3 号"火箭对太阳风的化学组成进行了直接测定，结果表明，太阳风粒子主要由氢离子组成，其次是氦离子。由于外来物体对月球表面撞击，使月壤物质混合，在深达数十米范围内存在这些亲气元素，太阳离子注入物体暴露表面的深度通常小于 0.2 微米，因此，这些元素在月壤最细颗粒中含量最高，大部分注入气体的粒子堆积粘合成月壤角砾岩或粘聚在玻璃珠的内部。

知识小链接

氢离子

氢离子是氢原子失去一个电子形成的阳离子，带一个单位正电荷。某些情况下，它也能形成带一个单位负电荷的阴离子，称为"氢负离子"。

研究表明，月球上的氦大部分集中在小于 50 微米的富含钛铁矿的月壤中，估计整个月球可提供 715 000 吨氦 3。人们为什么对氦 3 感兴趣呢？因为氦 3 是未来核聚变燃料的最佳选择。用氘和氦 3 聚变生成氦，这种聚变反应是世界公认的高效、安全、干净、较易控制的核聚变。在地球上，天然气矿床中已知的氦 3 资源只能维持一个 500 兆瓦规模

拓展思考

核聚变

核聚变是指由质量小的原子，主要是指氘或氚，在一定条件下（如超高温和高压），发生原子核互相聚合作用，生成新的质量更重的原子核，并伴随着巨大的能量释放的一种核反应形式。

发电厂数月的用量，而月壤中氦3所能产生的电能相当于1985年美国发电量的4万倍。考虑到月壤的开采、排气、同位素分离和运回地球的成本，氦3能源偿还比估计可达250。这个偿还比和铀235生产核燃料（偿还比约20）及地球上煤矿开采（偿还比约16）相比，是相当有利的。此外，从月壤中提取1吨氦3，还可以得到约6300吨的氢、70吨的氮和1600吨碳。这些副产品对维持月球永久基地来说，也是必需的。

此外，还可在月球上建立核能源基地，将电能传输到静止轨道上的中继卫星，再传送到位于地球的接收站，然后再分配到各个地区，供用户使用。仅月球氦3资源的开发利用这一点，就不难理解开发月球的深远意义。

◤ 月球资源的利用

人们根据月岩样品及大量有关资料的研究与分析，确定了月球优先生产的产品原则，主要是充分利用月球资源，为扩建月球基地而生产必需的原材料，重点是制氧、金属冶炼、建筑材料的制备等。为了实现这一目的，人们已对月球上的加工厂的生产工艺流程及制备方法进行了多方面的详细研究。

科学家很早就开始研究提取月球表土中的氧的方法。他们利用"阿波罗"飞船取回的月球沙土进行实验，在1000℃的高温下，将月沙中的钛铁矿和氢接触生成水，再将水通过电解提取氧。研究表明，提取1吨氧，约需70吨的月球表土。考虑到在月球上生产的特殊情况，建议在月球基地建设的同时，应考虑配备一套小型的化学处理设备，利用太阳能作动力，每天大约可制备出100千克的液氧。具体流程是，利用月球岩石在高温下与甲烷发生反应，生成一氧化碳和氢。在温度较低的第二个反应器中，一氧化碳再与更多的氢发生反应，还原成甲烷和水；然后使水冷凝，再电解成氧和氢，把氧储存起来供使用，而氢则送入系统中再循环使用。据预测，月球制氧设备最初是为给月面上的航天员提供氧气之用，但他们需要的氧气并不多，一个 12 人规模的基地，每月也只需要 350 千克氧气。而一套制氧设备连续工作后，可生产出相当数量的氧气。因此，在月球基地建设时，应同时建造一个永久性的液氧库，以便供给航天器作为低温推进剂燃料使用。

基本小知识

一氧化碳

一氧化碳纯品为无色、无臭、无刺激性的气体。在水中的溶解度甚低，但易溶于氨水。

十分有意义的是，在制氧过程中，经过化学处理后得到的"矿渣"，却都成了上等的副产品。这是因为它含有丰富的游离硅和可供冶炼的金属氧化物，只要采用适当的工业方法便可继续冶炼，炼制出工业上极有使用价值的金属钛。科学家们提出的制钛工艺流程是：将"矿渣"通过机械粉碎、磁选，提取出钛氧化物，在高温下加氢处理，生成氧化钛；再以硫酸置换出其中的铁，接着和碳混合，在 700℃ 的温度下通入氯气，经过化学反应后生成四氯化钛；然后在 2000℃ 高温下加热，投入镁以便脱氯，最终得到熔融态的钛。

铝的精制方法更为新颖。月面上的铝是由称之为斜长石的复杂结构所组成。科学家经过反复实验与研究，提出了一套炼铝的新工艺。具体做法是：将月岩粉碎，在 1700℃ 下加热熔化，然后在水中冷却至 100℃，制成多质的球，再经粉碎，在其中加入 100℃ 的硫酸，即可浸出铝。用离心分离法和过滤法除去硅化物

拓展阅读

硫 酸

硫酸是一种无色粘黏高密度的强矿物酸，在任何浓度下与水都能混溶并且放热。其盐为硫酸盐。硫酸具有非常强的腐蚀性，因此在使用时应非常小心并穿戴保护手套和衣物。

后，再将它在900℃的温度下进行热解反应，得到氧化铝和硫酸钠的混化物。随后洗去硫酸钠并进行干燥，再与碳混合加热的同时，加入氯气与之进行反应，生成氯化铝，经过电解，获得最终产品——纯铝。

建筑业离不开玻璃，因此在月面上生产玻璃显得尤为重要。通常的玻璃由71%～73%的氧化硅、12%～14%的硫酸钠、12%～14%的氧化钙组成。月球土壤中含有40%～50%的氧化硅，在月面上制造玻璃是以氧化硅为主。其精制方法较为简单：在月球土壤中根据需要加入各种微量添加物，用硫酸溶解出一些无用的成分之后，在1500℃～1700℃的温度下熔化，然后经过压延冷却，即可制成月球玻璃。

月球资源开发利用将从研究阶段进入试生产阶段。试生产阶段规模不大，需要进一步扩大再生产，使月球生产活动逐步走向批量生产的轨道。综上所述，我们可以理解建立月球基地的经济意义。

◆ 月球采矿可行吗

人类是否应该大胆地到月球上采矿呢？这是一个需要慎重回答的问题。

从事一项开发工程，必定要先进行可行性研究，而可行性研究离不开成本估算。得不偿失的事，想必谁也不会干的。地球上某一处的矿产如果品位很低，利用现有的技术手段还不值得开采，或虽能开采，但采运成本太高，人们是绝对不会去开采的。地球采矿尚且如此，月球采矿就更不用提了。月球与地球之间是约40万千米的宇宙空间。不说月球表面环境恶劣，开采起来困难重重，单讲运费，从那里运回一吨矿产就要数千万美元。一般的矿产，即使在月球上品位极高，进行开采通常亦是很不划算的，除非运回来的都是优质钻石之类的地球稀缺之物！

钻 石

钻石是指经过琢磨的金刚石，在地球深部高压、高温条件下形成的一种由碳元素组成的单质晶体。

所以，在美国各界人士纷纷谈论"开采月球矿产资源直接用于地球"的问题时，矿业界先是长时期保持沉默，后来便明确表示：在今后几十年里，成规模地开采月球矿产以用于地球人类是难以实现的。

但是，开发月球矿产资源的计划是否就是无的放矢，毫无意义可言了呢？回答却又是否定的。

许多地质学家认定，如果是出于

NASA 设想的月球基地，太阳能电池板方阵将为月球的居住者提供主要电力

支持建立月球科学基地的考虑，月球采矿就是必要而且非常现实的了。

基本小知识

地质学

地质学是关于地球的物质组成、内部构造、外部特征、各层圈之间的相互作用和演变历史的知识体系。

（1）建立月球基地须就地取料

1989 年，在纪念人类首次登月 20 周年之际，当时的美国总统布什曾宣布，美国要在 2005 年之前在月球上建立一座科学基地。

这个基地不仅包括多学科的研究实验室，还将建有火箭发射平台和太空飞行月球补给站。有了这个基地，就可以在月球表面进行天文、地质、生物医学等学科的研究工作，还可以以这里为出发点，去火星上进行考察。

建立这种基地意义极为重要，可使用什么样的材料来建造它呢？

最初的想法是，将地球上现成的轻型建筑材料（如铝合金、以二氧化硅为基质的产品或某些复合材料）运上月球，就地拼装。但这种想法很快遭到否定。因为月球不比地球，那里没有起屏蔽作用的大气层，轻型材料抵挡不住宇宙辐射、太阳风和天外陨石的直接作用。

最早在1984年，美国宇航局产生了使用钢筋混凝土的想法。

拓展阅读

太阳风

太阳风是一种连续存在，来自太阳并以200km/s～800km/s的速度运动的等离子体流。这种物质虽然与地球上的空气不同，不是由气体的分子组成，而是由更简单的比原子还小一个层次的基本粒子——质子和电子等组成，但它们流动时所产生的效应与空气流动十分相似，所以称它为"太阳风"。

可如果生产钢筋混凝土的材料均从地球上运去，花费之巨将令人望而生畏！有人估算，建造月球基地需要向月球运送水、水泥、钢筋等近2000吨。而1吨重物的运费是5000万美元，算下来，足可使基地建造的决策者打退堂鼓！

因此，必须找出解决办法，将基地的建造费用降低到可以承受的地步。

无疑，最理想的解决办法是在月球上就地取材，利用那里现有的资源。可面对的一个最大的问题是，月球上没有水！

受聘担任美国宇航局"月球混凝土委员会"主席的林铜柱先生与他领导的研究小组一起，近年来开展了一系列的研究工作。他们利用该局提供的40克月球土壤（主要成分为玄武岩、斜长岩、苏长岩等）在1000℃高温条件下加热并实行粉碎后，首先制成了与地球水泥相似的水泥。此后，针对月球上

没有水的实际情况，他们又发明了干拌蒸汽混凝土新制法。其具体做法是：将制成的月球水泥与适量砂石（月球与地球一样，砂石很容易觅得）拌合，放入蒸汽定型锅内以高温蒸汽蒸煮。用这种方法制成的混凝土不仅固化时间短（不到一天），而且强度亦远远高于传统的湿拌混凝土。

人类可能将建设规模更大的空间站作为通往月球的中继站点

有关专家在审视了他们制成的月球混凝土样品后，认为这种混凝土完全可以用作建造月球基地的建筑材料。

但仍存在着一个问题，林先生的混凝土新制法虽不需要大量的水，但水蒸气还是需要的。没有水蒸气，混凝土根本无法固化。那么怎样获得水蒸气呢？水是由氢和氧化合而成的，若能在月球上设法获得这两种气体不就可以解决问题了吗？

为能在月球物质中获得氢和氧，自 1990 年起，美国和法国的一些有关专家进行了大量的实验研究工作。他们最终发现，可以从月球土壤的重要成分之一钛铁矿中获得氧。钛铁矿是钛和铁的氧化物，在 800℃ 的高温下加热即可分离出钛、铁和氧。同时还发现，氢产自小于 20 微米粒级的月球土壤，含量约 100×10^{-6}，亦可通过加热进行回收，回收率达到 50% ~ 70%。鉴于

美国登月飞船最新概念图

在月球上回收氢气花费太大（回收 1 吨氢必须处理约 1 万吨石屑），故一般认为，氢这种极轻的物质直接从地球上运去更为划算。

这样，氢与氧化合可获得混凝土固化必需的水分，钛、铁与水泥相拌合可提高混凝土的强度。

至此，建造月球基地所需的建筑材料基本可就地解决了。

至于制造月球水泥和分解月球钛铁矿所需的高温条件，已考虑在月球上接收太阳能来加以实现。

不过，就地解决了建筑材料之后，仍然需要从地球上运去有关机器设备，如矿石的开采和处理设备、水泥生产设备、原材料运输工具等。据有关专家讲，运往月球的机器设备将至多不超过 200 吨。

（2）月球考察飞行需先行一步

基地选址和矿产开采之前，必须先进行地质勘察工作。在地球上是如此，在月球上更须如此。

这项工作已被纳入美国宇航局一项周密计划，即"月球前哨计划"之中。该计划涉及多种科学活动，但地质考察是其主要内容。

日本一个公司设计的未来月球城的模型

"月球前哨计划"的使命飞行包括两种：一种是载货飞行，一种是载人飞行。货运飞行将把一种装备有高压圆柱外壳的登月舱送上月球，作为登月考察人员的住所使用。载人飞行除将 4 名考察人员送上月球外，还将同时运去用于他们外出考察的车辆及必备的仪器设备（如简易望远镜、物理和地质实验设备、从月球土壤中提取氧气和生产硅的设备等）。

载货飞船一登上月球，圆柱形住所将展开太阳能接收器，供应能源。考察人员在极靠近住所的地点着陆后，就可以步行前往住所并开始各项科学考察工作。在这种条件下，4 名航天员可在月球上停留一个半月的时间。载人飞船因为拥有可存储燃料的发动机，将他们送回地球是毫无问题的。

据有关专家推测，第一座月球基地很可能是建立在月球的赤道上。林铜柱教授不久前向美国太空总署提交了一份基地式样设计方案。按照他的设计，基地呈半圆状，很像被切去不足一半的一块圆蛋糕，其高度是 20 米，直径是 40 米。

◆ 月球水冰将使人类梦想成真

1994 年，美国宇航局发射的"克莱门汀"号探测器对月球进行了新的月貌测绘，并对其矿物构成和引力分布进行了探测。1996 年 12 月，一个科学小组对 1994 年该探测器发回的雷达信号进行分析后发现，月球南极的一个盆地中很可能存在"冰湖"，冰是与泥土混在一起的。这一消息在世界上引起了轰动。因为，如果月球上真的有

水，将来往月球移民便有可能成为现实，而且还可利用月球上的水来制造氢和氧，用作火箭的燃料，并可将月球作为"对火星及太阳系中其他星球进行探测"的一个基地。为了进一步证实这个信息，美国宇航局原计划于 1997 年 9 月发射一艘以勘探月球上的水冰及矿物为主要任务的"月球勘探者"号探

测器，后因故推迟。

　　1998 年 1 月 11 日格林尼治时间 12 时 15 分，助推火箭结束了第一次点火工作，将"月球勘探者"号探测器成功地送入了预定轨道，拉开了该自动探测器为时一年之久探测工作的序幕。经过 4 天半的空间飞行，300 千克重的探测器被制约在一个绕月球两极飞行的、周期为 11.8 小时的椭圆轨道上，该轨道的近月点和远月点分别为 75 千米和 8600 千米。然后，椭圆轨道被逐步调控成距月面约 100 千米的圆形轨道。如果探测器情况保持良好，以后将使其在距月面仅 10 千米的圆轨道上飞行，以便获得高分辨率的月面图。

　　以太阳能电池供电的"月球勘探号"探测器上安装了 5 台仪器，除用于寻找水冰及月亮内矿物的成分外，还将用于寻觅月球磁场的证据和绘制月面图及引力分布。根据探测器上的 γ 射线分光计的记录计算出的含钍量和含铁量的不同，显示出了月球平原（月海）和高原的差异。若探测出月球有磁场则将意味着熔融月核的存在并有助于阐明月球的起源和演化。月球的赤道区域虽已被 20 世纪 70 年代早期发射的"阿波罗 15 号"、"阿波罗 16 号"和"阿波罗 17 号"飞船彻底勘探过，但就全月球而言，只有 20% 的月面被较精确地测绘过，这次要画出较详细的月面全图。

拓展阅读

探测器

　　一种具有观察和记录功能的电子设备，分为计数器和径迹探测器两种。应用范围不仅在物理领域而且在生活领域中也被广泛应用。

　　从探测器所得月球引力分布的数据将有助于改进关于月球内部结构的模型和说明为什么一边的月亮比另一边的要厚些的原因。几十年来，研究月亮的科学家们已知关于月面下不平常的质量聚集问题，人们认为这一问题对于绕月飞行的探测器会有神秘的影响，故对之很重视。新的月球引力分布图有助于工程师们将来为完成一些任务设计出较小的、节省燃料的、效率更高的环月探测器。

探测器在严寒的阴暗月球南、北两极的泥土中发现混有大量的水冰。

假设冰混在月面土壤厚 0.5 米的上层泥土中（0.5 米是测冰仪器所能探测到的最大深度），则估计月球南、北两极共蕴藏着 1100 万至 3 亿吨的冰；深冻处的极地土壤中，每立方米内可能储存着 19 升的水。含冰表土在南极覆盖着 5000 平方千米至 2 万平方千米的面积，而在北极则大到 1 万至 5 万平方千米。1 亿吨的水冰可以填满一个深 11 米、方圆 10 平方千米的湖泊。

即使是保守估计，以人们目前在地球上用水的方式估算，3000 万 ~ 5000 万吨的水可供几千人使用一个多世纪，而且不需要循环使用。

科学家们认为这些水冰是过去 20 亿年间彗星和流星碰撞月球时，累积在南、北极两个阴冷地区的，月面的其他区域均不时地接触到阳光，不可能存有水。其理由如下：在月球最初形成时，受地球引力的影响，它不断地乱"翻跟头"，导致月面每一处都不时洒有温暖的阳光；直到 20 亿年前，月球自转轴的取向才稳定下来，使两极地区成为终年不见阳光的严寒世界，洒落在这两个地区的彗星或流星上的水才得以冻结储存下来。美国洛斯阿拉莫斯实验室的费尔德曼分析了阿波罗飞船探月时所得数据后认为，月球的土壤层应有 2 米左右深，则其南、北两极总共至少应存有 5 亿吨的水冰。

至于开发利用，从理论上说，从月球冰中提取水会是个"简单"的过程：将混有冰的泥土收集起来，在房间里加热，使冰融化后便可以得到水。不过，这个过程需要开发能在月球两极低至 −230℃ 的极冷温度下工作的器具，而且首先要用探测器或机器人对月球冰加以研究。为此，必须在极区外缘有太阳光照射的地方建好太阳能电站，以提供开发利用月球冰时所需的能源。美国宇航局将不得不考虑任何此类计划的费用问题。"月球勘探者"号探测器，包括火箭发射和助推器的费用总计为 6300 万美元。

知识小链接

流 星

　　流星是指运行在星际空间的流星体（通常包括宇宙尘粒和固体块等空间物质）在接近地球时由于受到地球引力的摄动而被地球吸引，从而进入地球大气层，并与大气摩擦燃烧所产生的光迹。

◑ 在月球上建太阳能发电厂

　　由于月球表面几乎没有大气，太阳辐射可以长驱直入。计算表明，每年到达月球范围内的太阳光辐射能量大约为 12 万亿千瓦，相当于目前地球上一年消耗的各种能源所产生的总能量的 2.5 万倍。按太阳能能量密度为 1.353 千瓦/平方米计算，假设在月球上使用目前光电转化率为 20% 的太阳能发电装置，则每平方米太阳能电池每小时可发电 2.7 千瓦时，若采用 1000 平方米的电池，则每小时可产生 2700 千瓦时的电能。

　　由于月球自转周期恰好与其绕地球公转周期的时间相等，所以月球的白天是 14 天半，夜晚也是 14 天半，一天相当于地球一个月的长度，这样它就可以获得更多的太阳能。科学家认为，如果在月球表面

未来月球基地及太阳能发电厂示意图

建立全球性的并联式太阳能发电厂，就可以获得极其丰富而稳定的太阳能，这不但解决了未来月球基地的能源供应问题，而且随着人类空间转换装置技术和地面接收技术的发展与完善，还可以用微波传输太阳能，为地球提供源源不断的能源。

➡️ 月球未来的五大构想

◎ 构想 1：天地观测台

没有大气层的月球对任何频率的电磁波都不会吸收，它也没有地球上的"电磁波污染"或"光污染"，因此月球也是进行射电天文观测的理想场所。月球自转速度很慢，以至月球上的一昼夜约等于地球的一个月，这样我们可以在月球上长时间地精确观测远距离或模糊的目标。月球的自转周期恰好等于它的公转周期，因此它总是用一面正对着地球，在这一面建立对地观察站，将可以持续地对地球的地质构造及环境变化进行监测与研究，特别是对近地空间乃至深空小天体对地球可能的撞击威胁进行监测。

基本小知识

电磁波

电磁波（又称"电磁辐射"）是由同相振荡且互相垂直的电场与磁场在空间中以波的形式移动，其传播方向垂直于电场与磁场构成的平面，能有效地传递能量和动量。

◎ 构想 2：探星"桥头堡"

月球几乎没有大气和弱重力场环境，因而从月面发射深空探测器或星际载人飞船比从地面要容易得多，所需的能量也小得多，因此，月球是人类进军深空的天然发射平台，也是一个理想的深空探测中转站。由于月球上存在制备火箭液体推进剂的原料氧和氢，因而未来可以利用月球资源进行火箭推进剂生

作为火星开发前哨的月球基地假想图

产。在未来执行载人火星探测任务时，许多关键技术都可以在月球基地进行试验验证，并可在月球基地长期训练宇航员，使他们逐渐适应长期离开地球的生活，为飞往火星乃至更远的星体做准备。

◎ 构想3：能源 "聚宝盆"

月球上有着丰富的资源。据估计，月球土壤里含有100万吨至500万吨稀有气体——氦3，而地球上可提取的氦3只有15～20吨。如果把氦3作为可控核聚变燃料，它将是人类社会长期、稳定、安全、清洁和廉价的燃料资源，可满足地球数万年的能源需求。

月球资源采掘基地

此外，月球表面没有大气层，太阳辐射可以长驱直入，月球上可接收到丰富的太阳能。测算表明，每年到达月球范围内的太阳光辐射能量大约为12万亿千瓦。假设使用目前光电转化率为20%的太阳能发电装置，则每平方米太阳能电池板每小时可发电2.7千瓦时。从理论上来说，

可以在月球表面无限制地铺设太阳能电池板，获得丰富而稳定的太阳能，这不但可以解决未来月球基地的能源供应问题，甚至还可以用微波将能量传输到地球，为地球提供新的能源。

◎ 构想4：旅游梦天堂

虽然重返月球的计划要到十几年后才真正实施，但精明的商人们已经把目光投向月球旅游项目。美国太空探险公司正在与俄罗斯联邦航天署旗下的

建在月亮上的"疯狂酒店"设想图

宇宙飞船制造商"能源"火箭航天集团合作开发这项"探月旅行"业务，预计今后5年内，游客花费1亿美元就可以搭乘俄罗斯的"联盟"号载人飞船进行环月球旅游。游客将首先飞往国际空间站，在站内停留一周之后再飞往月球，大约一周后返回。月球观光客将不会在月球表面着陆，而是只对月球进行近距离观察。

◎ 构想5：移民新大陆

俄罗斯"火箭之父"——齐奥尔科夫斯基说："地球是人类的摇篮，但是人类不会永远生活在摇篮里。"中国航天医学工程研究所航天科普作家吴国兴教授介绍说，人类移民月球可能分为四个步骤：第一步是建初级基地

你知道吗

齐奥尔科夫斯基

康斯坦丁·齐奥尔科夫斯基（1857—1935），举世闻名的科学家、科幻作家，被誉为"航天之父"。他是第一个提出将液体推进剂用于火箭的人。

或称临时性基地；第二步是中级基地；第三步是高级基地或称永久性基地；最后一步是建月球移民区。

月球移民区的建设有可能是将数个高级月球基地联结起来，形成一个月球基地网，然后成为移民区，前后可能需要 30 年时间。月球移民区就是一个小的社会，应该具有人类社会的所有功能。它首先必须具有先进而完善的再生式生命安全保障系统，氧气、水、食品、电力供应和火箭燃料、生活必需品基本上不依靠来自地球的物资供应，实现自给自足，此外还要解决宇宙辐射的防护问题和月球重力的适应问题。

作为一个人类生活的社区，月球移民区的建设不能只考虑移民住宅，还应包括各个功能区，如生活区、商业区、工业区、农业区、发射场、着陆回收场、月—地交通运输和移民区内的交通运输区等。

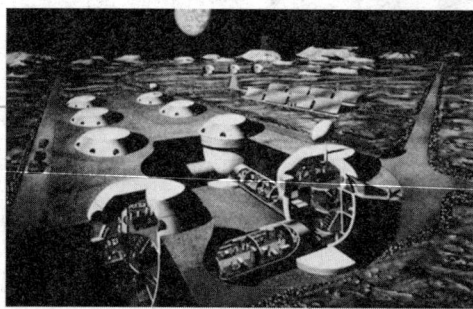

人类未来将在月面建设永久性的基地乃至发展为月面都市

在 21 世纪的某个周末，地球上的人们也许会忘却一周的繁忙，搭乘便捷的"航天公共汽车"来到地球轨道上的空间中转站，乘坐定期发出的"地月班机"，到月球基地去旅游度假、探亲访友。那时，也许只有在历史书中才能找到"月球"这个词，因为，月球已经成为了人类版图上的第八个洲——月洲。

人类探月历程

在过去很长的一段时间里，人类一直怀着一个美好的理想，那就是总有一天要飞到月亮上去。只是，直到发展了威力强大的"土星5号"火箭推进器，以及"阿波罗"宇宙飞船之后，人类的愿望才得以实现。

在早期，人们用无人驾驶空间飞行器探测月球的尝试，多数以失败告终。它们之中，有的重新落回到地球上，有的没有飞向月球而偏离了方向，有的硬是撞到了月球上去，使得那些仪器设备与飞行器同归于尽。我们知道，人类的第一个人造地球卫星，即前苏联的"斯普特尼克"是在1957年10月4日发射成功的，从此开辟了人类的"空间时代"。

为什么要探测月球

在过去很长很长的一段时期里，人类一直怀着一个美好的理想，那就是总有一天要飞到月亮上去。只是直到发展了威力强大的"土星5号"火箭推进器，以及"阿波罗"宇宙飞船之后，人类的愿望才得以实现。为了达到这个目的，美国宇航局和前苏联的空间机构做了长时间的精心准备，包括训练宇航员和投入以亿元计的各种物资。

拓展阅读

"土星5号"

"土星5号"运载火箭，又译为"神农5号"，亦称为"月球火箭"，是美国国家航空航天局在阿波罗计划和天空实验室计划两项太空计划中使用的多级可抛式液体燃料火箭。

许多人提出这样的问题：花费那么多的钱，为的是送几名宇航员到月球上去，值得这么做吗？

不错，天文学家们用望远镜和雷达等手段，可以获得有关月球的大量信息，但是，还有许许多多科学家们希望得到和知道的东西，这些手段却无能为力。他们想知道月球上有些什么样的岩石、矿床、矿物和其他成分的物质；月球上的土壤是怎么样的；是否有任何处于休眠状态的生命；太阳辐射对月球表面有些什么样的影响；月球表层的下面是否存在着水等。

这些以及其他更多问题的答案，可以进一步用来解答有关月球的一些根本性问题。譬如：月球是如何起源和演化的？这个难解之谜又可以为探测地球、太阳系乃至银河系的起源，提供宝贵的线索。

知识小链接

雷 达

雷达是利用电磁波探测目标的电子设备。发射电磁波对目标进行照射并接收其回波，由此获得目标至电磁波发射点的距离、距离变化率（径向速度）、方位、高度等信息。

无人驾驶宇宙飞船上的各种仪器设备，可以对月球和空间进行探测和测量，获得许多有价值的数据和信息，科学家们可以由此推断出那里存在的条件，得出某些结论。但是，仪器设备只能做那些安排给它们做的事。它们无法对付计划之外或者原先没有预料到的事，而只有人，才能对意料外的事情作出判断和处理。

基本小知识

银河系

银河系是太阳系所在的恒星系统，包括 1200 亿颗恒星和大量的星团、星云，还有各种类型的星际气体和星际尘埃。

早期用无人驾驶空间飞行器探测月球的尝试，多数以失败告终。它们之中，有的重新落回到地球上，有的没有飞向月球而偏离了方向，有的硬是撞到了月球上去，使得那些仪器设备与飞行器同归于尽。我们知道，人类的第一个人造地球卫星，即前苏联的"斯普特尼克"，是在 1957 年 10 月 4 日发射成功的，从此开辟了人类

"月球 3 号"探测器拍摄的第一张月球背面的照片

"徘徊者3—5号"月球探测器

的"空间时代"。首次发射成功的月球探测器，恰好是在2年后的1959年10月4日，那是前苏联的"月球3号"火箭。它在到达月球并转到月球背面上空的时候，拍下了人类从未见过的月球背面照片，并送回地面。从那时开始，我们才得以看到多少年来人类梦寐以求的月球背面面貌。

在此后的6年中，美国许多次的月球探测计划都遭到了失败。1964～1965年，美国的3个"徘徊者"号才取得较大的成功，"徘徊者7号"、"徘徊者8号"和"徘徊者9号"在非常接近月球表面的地方，拍摄了异乎寻常清晰的大量照片。

1966年1月31日，前苏联发射了"月球9号"探测器。当接近目的地时，它减慢了速度，因此不像以前的那些探测器与月球硬撞而遭到很大破坏。"月球9号"所携带的防震摄像机第一次从月面现场拍摄了9张月面照片。这年6月，美国"勘测者1号"探测器在月面上软着陆成功，传回来了数千张月面风光照片。照片表明月面上并非人们想象的那样盖着厚厚的尘埃。

美国发射的月球轨道器

随着宇航员们踏上月球对月球进行探测，以及对月岩和土壤标本的第一手分析，科学家们有可能加快研究月球的步伐。"阿波罗 11 号"的 2 名宇航员阿姆斯特朗和奥尔德林，在他们进行月面活动的 2 个多小时里，总共收集了 20 多千克的月球岩石和土壤样品。他们把这些样品密封在箱子里，以保护它们的本来面目，并在带回地球之后，慎重其事地交给了宇航局。从月球带回来的许多岩石外面，都有一层很细的、石墨那样的粉末。粉末是深咖啡色的。对岩石作显微镜观测后得知，它主要由橄榄石、辉石和长石组成，基本上与地球上的火山岩相似。

拓展阅读

橄榄石

橄榄石是一种镁与铁的硅酸盐，主要成分是铁或镁的硅酸盐，同时含有锰、镍、钴等元素，晶体呈现短柱状或厚板状。橄榄石变质可形成蛇纹石或菱镁矿，可以作为耐火材料。

人类第一次登上月球

人类的本性之一，是对未知的东西进行持续不断的探索。正是由于这种动力，早期的航海者们发现了新大陆，北极探险既开辟了北极，也开辟了南极的考察和探索。

有人问一位杰出的登山运动员，他为什么要去攀登那危险的珠穆朗玛峰。他回答得很简单："因为它就矗立在那里！"毫无疑问，这大概也就是人类想登上月球去的理由之一：因为月球就在那里！

珠穆朗玛峰

珠穆朗玛峰，简称"珠峰"，位于喜马拉雅山脉之上，终年积雪。高度8844.43米，为世界第一高峰。

◉▶ 前苏联的探月工作

前苏联确实在其空间飞行器所进行的一系列探测中，取得了一些引人注目的"第一"。举个例子来说，1966年1月31日，前苏联在其咸海以东的火箭发射场发射了"月球9号"探测器，它实现了空间飞行器在月面上的第一次成功有控软着陆。这主要借助于制动火箭。而在把宇航员正式送上月球之前，这类试验必须进行许多次，以保证软着陆方案的可靠和载人登月飞行时的万无一失。

前苏联发射的"月球9号"探测器

"月球9号"发射成功之后，先是环绕地球转，转了一圈的约2/3路程时，它的速度已经加快到足以脱离地球引力的程度。于是这个重约600千克的探测器，带着它那套能自动向地球发回信息的、重约100千克的设备，飞向了月球。它后来成功地降落在风暴洋的月球赤道附近。在飞行途中，探测器的轨道曾从地面进行过校正。

　　"月球9号"的着陆过程是这样的:它所携带的制动火箭,于准确的时间(着陆前48秒钟)和准确的地点(距离月面75千米处)开始点火,使飞行器的速度随着高度的降低而逐渐趋向于零。在探测器即将撞击到月面的瞬间,着陆器与探测器分离开来,自行着陆,裹在它外面的气球立即自动充气。气球起着着陆器的良好缓冲作用,同时,由于月球引力不大,撞击的程度也大大减轻。接着,外面的4个装置自动打开,整个着陆器像朵盛开的花,摄像机以及一些仪器设备也按既定要求各自就位。不久,科学家们焦急等待着的来自月球现场的实地拍摄图像就开始传回地球。来自月球的照片表明,月球表面并不像有些人认为的那样覆盖着厚厚的尘埃,它呈现出好些空隙,还有一些岩石般的东西。

　　"月球9号"取得成功之后2个月,即1966年3月31日,又一个探测器"月球10号"发射成功。它取得了又一个使人震惊的"第一":成为围绕月球运动的"孙卫星"。一个人造的物体,变成为我们古老天然卫星的"卫星",这是亘古未有的事呀!它循着椭圆轨道绕月球转,轨道近月点约350千米,远月点约1000千米,旋转周期约3小时。

　　"月球10号"的探测任务是:测定月球的重力、辐射强度和磁场情况。它也收集了有关陨星袭击月面的数据,并且还记录到在月球附近的微陨星密度要比过去测定的大100倍,甚至更多。更有意义的是,"月球10号"利用γ射线发现月面上存在着大量像地球玄武岩那样的岩石,使得科学家们由此得出这样的结论:月球曾处于熔融状态,它的起源也许跟我们的地球是一样的。

　　在空间飞行器发射成功之前,科学家们通过观测和研究,获得了有关月球的大量资料。而"月球10号"探测器的轨道偏心率如此之大,它轨道上的近月点如此接近月球,使它能因此而得到的月球信息量远远超过去所得到的,而且在信息的质方面有了飞跃。

美国的探月工作

美国有它自己的研究月球计划，"勘测者"号探测器是为载人登月飞行作准备的 3 个研究月球计划中的一个。

"勘测者"号月球探测器

"勘测者 1 号"于 1966 年 5 月 3 日发射成功。它重 270 千克，在抵达月球之后，由于月球重力只及地球上的 1/6，它在那里只重 45 千克。探测器是由"阿特拉斯—半人马座"火箭发射上天的，火箭经过 7 分多钟的燃烧之后，就进入既定轨道，直奔月球。一路上，火箭的精确航向根据太阳和老人星（船底座最亮星）的位置，不断改正而得到保证。飞行途中，探测器的太阳能电池板和天线曾一度展开约 10 分钟。

"勘测者 1 号"的飞行速度，从开始时的每小时 5000 千米，不断加速到快抵达终点时的每小时约 10 000 千米。在距月球表面约 100 千米的高空时，它开始进行一系列的着陆准备工作：放开它的 3 只脚的支撑，支撑的头上是铝盘那样的东西，必要时可用来碾碎月面物质；同时制动火箭点火，使得在探测器的下面形成气垫那样的东西，以减轻探测器与月面之间的撞击；一些预先设计好的设备开始运转，使得整个探测器的下降速度不断降低。因此，当探测器最终降落在月面上时，撞击是极其轻微的，是完全可以不予考虑的。

"勘测者 1 号"降落在月球的西半部，在风暴洋的一处环形山附近，时间是 1966 年 6 月 2 日。降落后，它立即展开了预先设定的探测工作。

"勘测者 1 号"携带的设备有：效率很高的太阳能电池板，它为电瓶充电，可使探测器在月面上工作 2 个星期；一台性能极好的摄像机和有关设备，它所拍摄的月面图像质量是第一流的。

拓展阅读

老人星

老人星是南半球船底座中最亮的一颗星。老人星呈青白色，中国南方可以看到它在近地平线处出现。光度为太阳光度的 6000 倍，质量为太阳的 12 倍。公元 14000 年左右，老人星将成为南极星。

探测器工作期间，它总共拍摄和为地球送回来了 11 000 多张照片。这些照片包括远处的山脉，近到"眼"前的浅灰色的月球土壤颗粒。一般认为，这些颗粒可能是陨星撞击月面岩石后的产物。

"勘测者 7 号"月球探测器

后来的那些"勘测者"号探测器又做了些什么呢？

"勘测者"号计划从 1960 年开始执行，1966 年 5 月发射成功"勘测者 1 号"之后，到 1968 年 1 月为止的 1 年半期间，又发射了 6 个探测器，并非每个都取得成功，其中 2 号和 4 号失败。

"勘测者 3 号"是在 1967 年 4 月 19 日降落到月面上的。说得准确一些，它是从月面被弹起后，重新回落到月面上的。探测器第一次接触月面时，制动火箭未熄灭，仍在工作，而把它从月面往上推了一下。科学家立即从地面遥控让火箭停止工作，它于是就安顿下来，到现在还停留在那个小环形山里。接着，一个小型机械手在月面挖沟，从挖出的土壤来看，月球表层以下似乎多少有点湿气。

1967年9月10日，"勘测者5号"利用制动的办法降落在一座环形山里。在降落过程中，它险些翻转。2个月之后，"勘测者6号"也软着陆成功，它降落在一片比较崎岖、周围还有些隆起的地区。这两个探测器的重要贡献是在降落地附近发现α粒子。这类辐射曾被用来测定月面土壤的化学成分，而分析表明两处降落地的月岩，都很像是地球上的玄武岩。

"勘测者7号"与前面的几个探测器不一样，它不像前几个探测器那样降落在月球的赤道区域，而是软着陆在月球南部高地的第谷环形山附近。它差点撞上一块大石头。"勘测者7号"的考察任务之一是探测磁场和寻找铁矿石。它还配备了一个铁锹般的机械手、一个捕捉α粒子的设备、一台电视摄像机以及其他仪器设备。

探测器发现，月球高地的化学组成显然与月海的情况不同。某些地质学家认为，这个差别是很有意义的，它说明月球曾有个时候是处于熔融状态的。

◆ 欧洲 "SMART-1" 号月球探测器

"SMART-1"号是欧洲航天局的首枚月球探测器，也是欧洲航天局"尖端技术研究小型任务"系列计划中的第一项研究项目。欧洲航天局用"SMART"为探测器命名，主要是因为该探测器执行的任务虽小，但研究的却全部都是目前最为尖端的技术。

"SMART-1"号还是世界上第一个采用太阳能离子发动机作为主要推进

系统的探测器，该发动机利用探测器自身太阳能帆板产生的带电粒子束作为动力。运用离子推进技术的发动机，从离开地球到最终到达观测轨道，一共只消耗了75千克的惰性气体燃料氙，燃料利用的效率比传统化学燃料发动机高10倍。

"SMART－1"号探测器的起飞质量为370千克，在太空展开后，其外形呈现为长1570厘米、宽115厘米、高104厘米的立方体，太阳能帆板翼展开为14米，提供的电力为1.9千瓦，整个造价约为1.08亿美元，其有效载荷质量虽然仅为19千克，但却包括用于完成10多项技术试验和科学研究的仪器设备。

欧洲"SMART－1"号月球探测器

拓展阅读

发动机

发动机是一种能够把一种形式的能转化为另一种能的机器，通常是把化学能转化为机械能。发动机既适用于动力发生装置，也可指包括动力装置的整个机器，如汽油发动机、航空发动机。

2003年9月27日，欧洲航天局利用"阿丽亚娜"5G型火箭将"SMART－1"号探测器送入太空，2004年11月15日到达月球上空的近月轨道。经过精确的位置调整和运作后，"SMART－1"号进入到距离月球表面470千米到2900千米的最终轨道，并在这一轨道上进行大量科学实验。科学家们通过探测器上携带的X射线光谱仪等设备，详细绘制了月球表面地形地貌图和矿物分布图，研究其表面岩石的化学成分，探寻小行星45亿万年前撞击地球产生月球的过程。

"SMART－1"号的另外一项任务是对月球是否存在水资源进行探测，其中对月球表面最有可能存在水的两极冻土区域进行了重点探测。

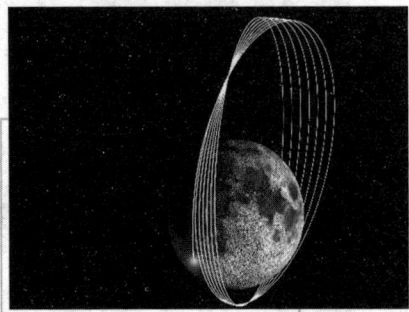

"SMART－1"号探测器击中月球前的运行轨道

"SMART－1"号可撞出 10 多千米高的尘埃

X 射线

X 射线又被称为"艾克斯射线"、"伦琴射线"或"X 光"，是一种波长范围在 0.01～10 纳米的电磁辐射形式。

"SMART－1"号探测器出色完成了自己的探月使命，欧洲航天局决定将其剩余燃料用于完成最后的撞击任务。撞击时间在北京时间 9 月 3 日 13 时 30 分左右。"SMART－1"号探测器在月球表面弹跳多次，"SMART－1"号此次撞击月球表面把月球尘埃送至约 19 千米的高空。从地球角度观测，只有大型天文望远镜才能在探测器撞月时看到微小亮点。为了避免这一亮

"SMART－1"号在 8 月 27 日发回的月球图片

点完全被月光覆盖，欧洲航天局设计的撞击点在背离太阳的阴暗面。探测器撞出的尘埃将被地面反射的太阳光照亮，通过观察，科学家将进一步了解这些"尘埃"的成分，并据此分析月球的起源。

◐ 日本 "月亮女神" 号探测器

北京时间2007年9月14日上午9点31分，日本探月卫星"月亮女神"（又称为"辉夜姬"）号发射升空，主要任务是观测月球表面地形、研究元素分布等。日本研究人员称，这是日本2025年建立载人太空站的第一步。

搭载"月亮女神"号探测器的日本 H－2A 火箭当天在距

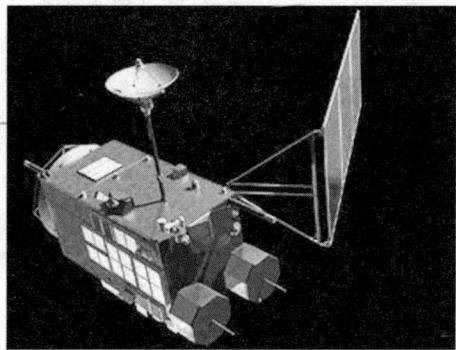

日本"月亮女神"号月球探测器

东京南部1000千米左右的太平洋小岛种子岛上发射升空。按计划，"月亮女神"号将在升空45分钟左右脱离 H－2A 火箭，在绕地球轨道运行2周后，便朝着距地38万千米的月球进发。

日本"月亮女神"计划耗资550亿日元（4.84亿美元）。"月亮女神"探测器重达3吨。日本科学家

日本公开"月亮女神"卫星拍摄的月球表面照片

称,"月亮女神"计划是继几十年前美国"阿波罗"号登月计划之后世界上技术最为复杂的月球任务。

"月亮女神"号探测器包括1颗主卫星和2颗"婴儿级"卫星,共装有14台观测设备。在设计上,这些观测设备将负责检查月球表面地形、地心引力以及其他状况,目的是寻找月球起源和进化的线索。"月亮女神"号携带有一台高清晰电视摄像机,用于拍摄地球在月球地平线上升起的全过程,并且将胶片送回地球。"月亮女神"号绕月球轨道运行了1年左右时间直到燃料全部用尽。

"月亮女神"号的发射之路一点也不平坦。较原定计划相比,此次发射已迟到了4年左右时间。当年的火箭发射因为技术故障一次次吞下失败苦果。20世纪90年代晚期,日本的太空计划无奈地进入支离破碎的局面,在此之前,H-2A火箭上演了2次失败的发射。到了2003

拓展阅读

间谍卫星

间谍卫星又名"侦察卫星",主要用于对其他国家或地区进行情报搜集,搜集的情报种类包含军事与非军事的设施与活动、自然资源分布、运输等。

年,灾难再次笼罩在日本人的上空,当时一艘搭载2颗间谍卫星的H-2A火箭在发射后偏离了预定轨道,日本被迫将其摧毁。

📡 印度 "月船1号" 月球探测器

　　2008 年 10 月 22 日上午 6 时 20 分左右（北京时间 8 时 50 分左右），印度空间研究组织用一枚极地卫星运载火箭在东南部的斯里赫里戈达岛的萨蒂什·达万航天中心将印度首个月球探测器"月船1号"发射升空。

　　"月船1号"月球探测器以轻盈为特点，发射重量约 1.3 吨，比日本发射的"月亮女神"号月球探测器和中国发射的"嫦娥1号"月球探测器都要轻，且燃料约占了探测器重量的一半。

　　"月船1号"探测器造价约 8300 万美元，设计寿命为 2 年，它在距离月球表面约 100 千米的轨道上工作，利用携带的各种仪器收集月球地理结构、化学构成及矿藏等数据。科学家还根据收集到的月球地理数据绘制了高精度的三维月球地图。

印度"月船1号"发射升空

　　"月船1号"上面将携带 11 台探月仪器。其中，一台名为"月球撞击探测器"的无人探测装置最为重要。据报道，月球撞击探测器约 30 千克重，由印度自行研制，它就像帽子一样装在"月船1号"的顶部。为印证印度探测器与月球的初次接触，探测器上还有一面印度国旗。

　　"月船1号"项目的负责人安纳杜拉伊对媒体介绍说，在"月船1号"进

入绕月轨道后，月球撞击探测器将以每秒 75 米的速度从"月船 1 号"上弹出，向月球表面撞去。在接近月球的过程中探测器将会不断对月球进行拍摄，这些拍摄数据有助于印度空间研究组织未来选择月球车的着陆位置。

印度舆论认为，"月船 1 号"的发射具有重要意义，将进一步提升印度的国家实力。不过，此次发射工作背后依然能看到西方的影子。其携带的 11 台探月仪器中，3 台由欧洲航天局提供，2 台由美国提供，还有 1 台来自保加利亚。

印度"月船 1 号"

中国 "嫦娥 1 号" 月球探测器

中国的探月计划于 2004 年 1 月正式立项，被称作"嫦娥工程"。探月工程二期在 2012 年成功发射月球探测器，探测器携带"月球车"一起登陆月球。

"嫦娥 1 号"月球探测卫星由中国空间技术研究院承担研制，以中国古代神话人物嫦娥命名，嫦娥奔月是一个在中国流传的古老的神

"嫦娥 1 号"月球探测器

"嫦娥1号"飞行轨道示意图

话故事。中国首次月球探测工程"嫦娥1号"卫星是中国自主研制、发射的第一个月球探测器。"嫦娥1号"主要用于获取月球表面三维影像、分析月球表面有关物质元素的分布特点、探测月壤厚度、探测地月空间环境等。整个"奔月"过程大概需要8~9天。"嫦娥1号"运行在距月球表面200千米的圆形轨道上。"嫦娥1号"工作寿命1年，绕月飞行1年，执行任务后不再返回地球。"嫦娥1号"发射成功，中国成为世界第五个发射月球探测器的国家。

"嫦娥1号"是中国的首颗绕月人造卫星。"嫦娥1号"平台以中国已成熟的"东方红3号"卫星平台为基础进行研制，并充分继承"中国资源2号"卫星、"中巴地球资源"卫星等卫星的现有成熟技术和产品，进行适应性改造。

"嫦娥1号"星体为一个2米×1.72米×2.2米的立方体，两侧各有一个太阳能电池帆板，完全展开后最大跨度达18.1米，重2350千克。根据中国月球探测工程的4项科学任务，在"嫦娥1号"上搭载了8种24台件

激光高度计

科学探测仪器，重 130 千克，即微波探测仪系统、γ 射线谱仪、X 射线谱仪、激光高度计、太阳高能粒子探测器、太阳风离子探测器、CCD 立体相机、干涉成像光谱仪。

"嫦娥 1 号"月球探测卫星由卫星平台和有效载荷两大部分组成。"嫦娥 1 号"卫星平台利用"东方红 3 号"卫星平台技术研制成，由结构分系统、热控分系统、制导、导航与控制分系统、推进分系统、数据管理分系统、测控数传分系统、定向天线分系统和有效载荷 9 个分系统组成。这些分系统各司其职、协同工作，保证月球探测任务的顺利完成。卫星上的有效载荷用于完成对月球的科学探测和实验，其他分系统则为有效载荷正常工作提供支持、控制、指令和管理保证服务。

"嫦娥 1 号"的工程目标包括：研制、发射中国第一颗探月卫星；初步掌握绕月探测基本技术；开展月球科学探测；建设月球探测航天工程系统；为月球探测后续工程积累经验。"嫦娥 1 号"承担的任务包括：拍摄三维月球地形图；探测月球上特殊元素的分布；探测月球土壤厚度以及氦 3 的储量；探测距离地球 40 万千米的空间环境。

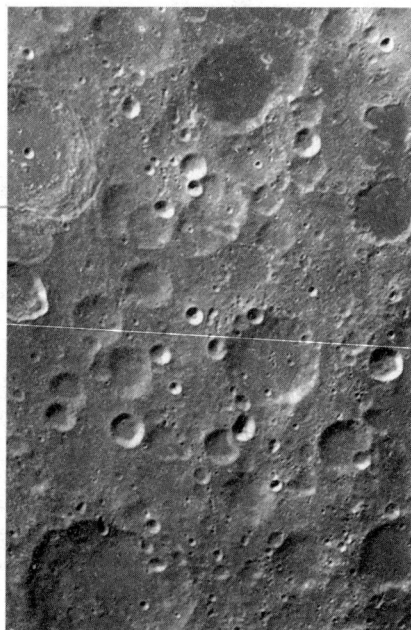

"嫦娥 1 号"发回的首张月球照片

"嫦娥 1 号"在初样研制阶段，有电性星和结构星这两颗初样卫星承担卫星测试工作。电性星的试验主要是用于一些带有电子性能的设备的综合测试；结构星的试验主要是考核结构设计的合理性，和整星上温度控制设计的合理性。两颗初样星进行整星测试。整个初样测试阶段持续到 2007 年 6 月份，随后进入"嫦娥 1 号"正样卫星的研制阶段。

　　为保证完成月球探测工程任务，科学家对承担卫星发射任务的"长征3号甲"火箭进行了41项可靠性的设计工作，以提高其运载可靠性。

　　北京时间2007年10月24日18时05分左右，"嫦娥1号"探测器从西昌卫星发射中心由"长征3号甲"运载火箭成功发射。卫星发射后，用8～9天时间完成调相轨道段、地月转移轨道段和环月轨道段飞行，经过8次变轨后，于11月7日正式进入工作轨道。11月18日卫星转为对月定向姿态，11月20日开始传回探测数据。

　　2007年11月26日，中国国家航天局正式公布"嫦娥1号"卫星传回的第一幅月面图像。

"嫦娥1号"月球探测卫星在西昌卫星发射中心由"长征3号甲"运载火箭发射升空

月球的秘密

"阿波罗"登月计划

阿波罗计划，又称"阿波罗工程"，是美国从1961年到1972年从事的一系列载人登月飞行任务的总称。它是世界航天史上具有划时代意义的一项工程。工程开始于1961年5月，至1972年12月第六次登月成功结束，历时约11年，耗资255亿美元。阿波罗是古代希腊神话传说中的一个掌管诗歌和音乐的太阳神，传说他是月神的胞弟，曾用金箭杀死巨蟒，替母亲报仇雪恨。

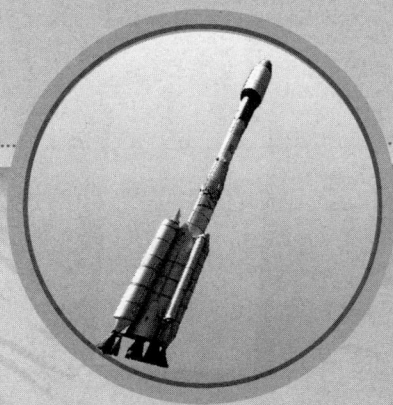

飞向月球

2009 年 7 月 21 日是"阿波罗"载人登月成功 40 周年。回顾这段历史，更令人感到这是人类科技的一项伟大成就。然而一种质疑"阿波罗"登月是 NASA 弥天大谎的"阴谋论"愈传愈广，甚嚣尘上。其实这种说法不堪一击，不值一驳。也许这种"阴谋论"本身正是另一种"阴谋"，是以一种另类

人类第一次在月球上留下自己的脚印

的方式吸引公众 40 年来不断关注科技进步，长久地宣传美国载人登月的伟大成就。

知识小链接

阿波罗

古希腊神话中最著名的神祇之一，希腊神话中十二主神之一，是主神宙斯与暗夜女神勒托所生之子，阿尔忒弥斯的孪生哥哥，全名为福玻斯·阿波罗，意思是"光明"或"光辉灿烂"。

为了把人送上月球去，美国制订了"三步曲"式的计划，即："水星计划"、"双子星座计划"和"阿波罗计划"。每个计划都包括一系列的飞行，而每次飞行都比前一次的更复杂、更大胆和更加雄心勃勃。总的说来，"水星计划"的目标是让一个宇航员作亚轨道飞行，或者说，作绕地球一圈不到的、

像发射炮弹那样的弹道飞行。第二步的"双子星座计划",是让 2 位宇航员在宇宙飞船的特殊环境中,作"马拉松"式的较长时间飞行,而这个系列的 12 艘飞船,最长的在绕地轨道上飞行了 14 天。飞行期间,同时试验"空中行走",以及飞船之间的会合和对接技术,检验各项设备和飞船手控操纵等技术。"阿波罗计划"打算把 3 名宇航员送上轨道,其中 2 名宇航员登陆月球,从而把人类的月球探测活动推到一个高潮。

拓展阅读

马拉松

  马拉松是指国际上非常普及的长跑比赛项目,全程距离 42.193 千米。分全程马拉松、半程马拉松和四分马拉松 3 种,以全程马拉松比赛最为普及,一般提及马拉松,即指全程马拉松。

  "阿波罗计划"是人类历史上一项规模最大、涉及领域最广、引领科技发展、促进一系列高新技术的突破与创新、推动产业繁荣、提高管理科学水平、培养宏大的科技人才队伍的伟大科学工程,也集中表现了人类敢于探索、不畏艰险、勇于攀登的科学精神,是一项伟大的壮举。

奥尔德林走下登月舱梯子

从空间轨道上看到的地球

"阿波罗8号"3名宇航员

在"阿波罗"飞船作了一系列的成功飞行之后，美国宇航局的科学家们认为，具有良好素质和经过严格训练的宇航员和包括飞船在内的各种设备都接受了检验，证明是能胜任作月球飞行的。他们认为，把人送上月球的时机已经成熟。

然而，一件未曾预料到的悲痛事件发生了。"阿波罗4号"（后来改称为"阿波罗4A"）飞船在进行地面试验时，船舱内突然起火，3名宇航员被活活烧死，他们是格里森、怀特和查菲。惨祸发生之后，"阿波罗计划"不得不被推迟和重新进行修订，特别是增添和采用了许多新的安全设施。

1968年12月21日，一个巨人般的、高约85米的"土星-5"火箭，呼啸着从肯尼迪角发射场起飞。它就是"阿波罗8号"，船舱内的3名宇航员分别是：博尔曼、安德斯和洛弗尔。当"阿波罗8号"绕地球转第二圈而到达澳大利亚上空时，从美国本土得克萨斯州休斯顿火箭控制中心传来"飞向月球"的命令，使它改变轨道，成为第一个飞向月球轨道的人造物体。这是一次具有历史意义的飞行，飞船曾达到难以想象的、每小时39 600千米的高速度；这是人类从未经受过的速度。约66

"阿波罗8号"飞船上的宇航员于1968年12月看到的"地出"

小时之后，宇航员们到达了过去任何人都没有到达过的、离地球老家那么遥远距离的月球。

人类想飞到月球去的美好理想得以实现，不仅如此，一些难以置信的现象也成为人们可以鉴赏的现实。在月球上观看日出、日没以及日冕等现象，那是很激动人心的，给人留下难忘的印象；我们的地球老家则像是一个晶莹的浅蓝色—白色大理石盘，镶嵌在空中，升起在月球的"月"平线上。

知识小链接

大理石

大理石原指产于云南省大理的白色带有黑色花纹的石灰岩，剖面可以形成一幅天然的水墨山水画。古代常选取具有成型花纹的大理石用来制作画屏或镶嵌画。大理石主要用于加工成各种型材、板材，做建筑物的墙面、地面、台、柱，还常用于纪念性建筑物如碑、塔、雕像等的材料。

▶ 登月前的准备

在实现人类登月之前没有几年，一些空间科学家对于如何把人送上月球去，还持不同意见。包括布朗在内的好几位著名火箭专家，倾向于这样的意见：首先发射2枚巨大的火箭到绕地球轨道上去，一枚由宇航员乘坐，另一枚主要携带供补充的燃料；在飞行中，2枚火箭会合；宇航员们在得到足够的燃料之后飞向月球。

美国宇航局的科学技术专家则认为，这样的方案太复杂，也太费钱，他们提出了一种直接、简单，同时也是更大胆的计划，叫它"绕月轨道会合"

计划。他们建议先把"阿波罗"飞船发射到绕月轨道上去，从飞船分离出一个登月舱，它既能自己逐步降低高度，并最后安全地停留在月面上，又能把自己从月球上发射起来，让它与等待在绕月轨道上的指令舱会合。

"阿波罗10号"太空舱

方案经过论证，被认为是可行的，于是就诞生了建造登月舱的设想。登月舱的样子看起来有点奇怪，也显得稍有点笨拙，不过，美观是次要的，实用才是最重要的。整个船舱外面是25层厚的保护铝箔。此外，在一半舱面上，还有一个厚而坚硬的铝层；而在另一半上面，则是轻而薄的一层。这些厚度不同的隔热层，是为了防护极热和极冷的月面温度。与其说登月舱像个大机器，倒不如说它像个大虫子。登月舱的模样并非是其建造的目的，它主要考虑的是如何把那些灵敏而贵重的仪器保护好，更重要的是，不惜一切代价保护好宇航员。

"阿波罗10号"是在1969年5月18日发射的。"阿波罗8号"曾围绕月球旋转8圈，而"阿波罗10号"则被规定在2天半的时间里，绕月飞行31圈，距离月球表面最近时大约只有15千米不到。它还配备着拍摄彩色图像用的摄像机，并对月球表面重力较小的现象进行各种实验。在月球轨道飞行61多个小时期间，它特意近距离拍摄了"阿波罗11号"宇宙飞船将用作登月的地区。

"阿波罗 11 号" 成功登月

1969 年 7 月 17 日上午 9 点半，拥进肯尼迪角发射场的成千上万的观众，以及世界各国更多的在电视机前的观众，都目不转睛地注视着矗立在发射架上的那枚高约 110 米的"土星 5 号"巨型火箭。在一阵突发的浓烟和耀眼火光的伴随下，"阿波罗 11 号"宇宙飞船带着 3 名宇航员奔赴月球。他们分别是指令长阿姆斯特朗以及科林斯和奥尔德林。与他们一起升空的还有"哥伦比亚"号指令舱和登月舱"鹰"。他们的飞行和在月球上的活动已经成为人类历史的一个里程碑。

7 月 16 日，阿姆斯特朗和科林斯、奥尔德林一起走向发射区，他挥手致意

在飞船围绕月球转到第十一圈的时候，穿着加压和密封宇航服的阿姆斯特朗和奥尔德林，尽管看起来有点臃肿和笨手笨脚，还是很顺利地从一处连接通道爬到了登月舱去，这时，只有科林斯一人继续留在指令舱里。一切准备停当之后，登月舱"鹰"与指令舱"哥伦比亚"脱离，开始向月球降落。

很多人现场观看了火箭升空的过程

登月舱"鹰"

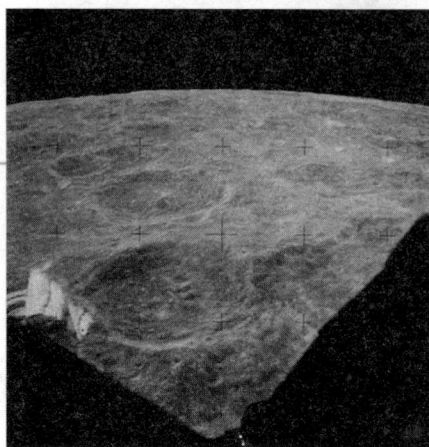

登月舱"鹰"降落前拍摄的登月点

　　1969 年 7 月 20 日美国东部时间下午 4 时 17 分（相当于北京时间 7 月 21 日早上 5 时 17 分），阿姆斯特朗从 38 万多千米以外的月球传回来了自己的声音："休斯顿，这里是静海。'鹰'已经着陆。"6 个半小时之后，也就是比预定计划早约 4 个小时，阿姆斯特朗小心翼翼地把他的左脚踏在带点棕栗色的月球表面上，并宣称："这对个人来说是一小步，对人类来说是一大步。"19 分钟之后，奥尔德林也踏上了月球，成为把自己脚印印在月面上的第二个人。

阿姆斯特朗踏上月球后拍的第一张照片

奥尔德林正爬下悬梯准备月面行走

奥尔德林从登月舱上卸下实验仪器

奥尔德林把仪器搬到指定位置

在月球重力很小的情况下，宇航服实际上并没有多大重量，更不要说妨碍行走和活动了，两位宇航员在月面上像袋鼠般慢步跳跃。奥尔德林把月亮上的情景称作"绝妙的孤寂"。他们在月面活动期间共收集了 20 多千克的土壤和岩石标本，以便带回地球供科学家做实验。他们在月球上设立了一个小型月震仪，用来记录可能发生的月震，并把有关数据传回地球；并竖立起了一块反射镜，用来把从地球发射来的激光束反射回去；还竖起一面由很薄的铝箔做成的旗帜。

基本
小知识

奥尔德林

巴兹·奥尔德林，原名小埃德温·尤金·奥尔德林，曾是一名美国飞行员和美国国家航空航天局的宇航员，因在执行第一次载人登月任务"阿波罗11号"时成为第二名（在尼尔·阿姆斯特朗之后）踏上月球的人而闻名。

"阿波罗 12 号" 的任务

"阿波罗 12 号"载人登月飞行的计划和准备工作，几乎是与"阿波罗 11 号"同时进行的。"阿波罗 12 号"的 3 名宇航员分别是指令长康拉德、比恩和戈登。这里康拉德和比恩被指定进行月面活动；戈登的任务是留在指令舱里，接应康拉德。

"阿波罗 12 号"成员

1969 年 11 月 19 日，美国东部时间 1 时 54 分（北京时间同日 14 时 54 分），由康拉德率领的第二批月球探险队，准确地在预选的地区安全降落，降落点位于风暴洋，距离在静海里的"阿波罗 11 号"1500 多千米，距离 1967 年 9 月发射到月球上去的无人驾驶宇宙飞船"勘测者 3 号"很近，走过去就可以了。为了研究月球环境对"勘测者 3 号"的作用和影响，取得第一手资料，他们卸下了它的一些部件并带回地球。

此外，他们还收集了 50 多千克的月球岩石和土壤标本，从获取地震信息的角度检查了一些月球岩石。他们留在月球上的仪器设备是"第一座核动力科学实验站"，期望它能在一段时间里，把观测和收集到的信息和数据传回到地球上来。

基本小知识

核动力

核动力利用可控核反应来获取能量，从而得到动力、热量和电能。

　　"阿波罗 12 号"刚把在月球上采集到的各种标本带回来的时候，它们一点也没有引起人们的特别注意，与以前带回来的相比也没有什么明显的区别。在用辐射计等检验之后，情况有所改变，科学家们发现其中一块柠檬般大小的月岩的辐射强度异乎寻常的大。进一步的研究表明，这块浅灰表面、不甚透明的白色结晶和带深灰条纹的月岩，其所含的铀、钍和钾等元素，竟然比其余月岩要高出 20 倍。由此而得出的结论是，这块月岩的年龄大约是 46 亿年，

1969 年，"阿波罗 12 号"登月舱着陆月球

即比已在地球上发现的岩石的年龄都大。科学家们进一步认为，它是在太阳和太阳系天体开始形成的时候，同时产生和形成的。

　　这是个极有价值的发现，其意义在于：在过去极其漫长的历史阶段里，月球表面经受的变化是很小很小的。

◆ "阿波罗 13 号"　如何死里逃生

　　载着洛弗尔（他曾是第一次载人月球轨道飞行的"阿波罗 8 号"的宇航员）、海斯和斯威加特 3 位宇航员的"阿波罗 13 号"宇宙飞船以失败告终。这次投资 35 000 万美元的飞行，没有从预定的着陆区——位于哥白尼环形山南面不远的弗拉·摩洛地区带回任何月岩标本。

　　正当飞船离地球约 33 万千米，到达目的地只剩下最后一段路程时，服务舱中存放液氧的箱子发生爆炸，把服务舱炸了一个大窟窿。不久，由于服务舱不断漏气，飞船失去了稳定，船身作不正常的滚动，舱内气压急剧下降。

"阿波罗 13 号"成员

氧和水失去大半，严重地威胁着宇航员的生命安全。

很明显，飞船已不可能降落月球，问题在于如何采取一切必要的措施，使宇航员们能平安返回。一次登月飞行即刻变成了一次逃命航程。地面飞行指挥中心组织了数以百计的专家进行计算，并由几名宇航员在地面的登月舱模拟器里作模拟操纵，将取得的资料经过计算后变成为建议性的程序。

由于飞船已离地球太远，无法直接调头返航，只能先绕过月球之后，再进入一条重返地球的轨道。

首先必须采取的措施是使飞船稳定下来。为此，指挥中心开动了小型的姿态控制火箭。服务舱遭到了严重的破坏，幸好指令舱和登月舱还完好，于是，登月舱的设备被用来救急。飞船是依靠登月舱的发动机、电源、氧和水等才得以飞回地球的。当飞船抵达离月球只有200多千米时，宇航员启动登月舱的下降发动机。约31秒钟后，飞船暂时进入绕月球飞行的轨道。飞船转到了月球的另一侧之后约4分半钟，登月舱的发动机再次启动。就这样，"阿波罗13号"终于进入了返回地球的

被吊回甲板的"阿波罗 13 号"指令舱

航程，并在返回过程中不断校正航向，最后死里逃生返回地球。

▶ “阿波罗14号”的工作

1971年1月31日，“阿波罗14号”轰隆隆地起飞了，3名宇航员分别是美国海军谢泼德和米切尔，以及空军的罗塞。作为在月面上进行科学实验和活动的第五位和第六位宇航员，谢泼德和米切尔分别在月面上各活动了2次，每次都在4小时以上。一辆特别设计的手推车使他们在崎岖不平的弗拉·摩洛地区走出了5千米，并收集到50来千克的月岩和土壤样品。

“阿波罗14号”登月舱离开月球

知识小链接

空 军

空军是主要进行空中作战的军种，是军队的组成部分。多数国家的空军由航空兵（歼击航空兵、轰炸航空兵、强击航空兵、侦察航空兵）、地空导弹兵、高射炮兵和雷达兵等兵种组成，有的还编有地地战略导弹部队和空降兵。

他们也在月球上装置了一座核动力科学实验站，竖立了激光反射器和测量太阳风的仪器。他们曾想攀登上一座高大环形山的顶端，但是没能成功。

"阿波罗 15 号" 和首辆月球车

1971 年 7 月 26 日，"阿波罗15 号"宇宙飞船发射成功，也是由 3 名宇航员组成，他们分别是斯科特（曾是"阿波罗 9 号"飞船船组成员）、欧文和沃登。斯科特和欧文乘坐的登月舱降落在雨海边缘、亚平宁山脉附近的一处叫哈德利沟的地方。沃登则一直滞留在绕月轨道的指令舱内，关注着登月舱的下降和上升，迎接斯科特等的归来。

"阿波罗 15 号"

此外，"阿波罗 15 号"第一次把一辆月球车带到了月球上。月球车重200多千克，靠蓄电池驱动。从它的模样和大小看起来，它很像是沙漠中的一个大甲虫。

"阿波罗 15 号"的月球车

由于装备上的改进，大大延长了宇航员们在月球上的停留时间。斯科特和欧文在月面的停留时间超过了 66 个小时，期间，他们 3 次走出登月舱，在月面上活动了 18 小时以上，为"阿波罗 14 号"宇航员舱外活动时间的 2 倍多。月球车使他们在月面上的活动更加方便，他们总共行驶了 28 千米，收集到各类岩石和土壤标本 70 多千克。

　　宇航员们在哈德利地区活动的成果是丰硕的，他们收集到的标本之多，是前所未有的。月球车上装有一套电视摄像设备，它使地球上的人们随着月球车的活动，与宇航员们一起经历月球上的颠簸、险境，逼真地欣赏到月面的绮丽景色。宇航员们在哈德利沟地区附近，惊人地发现月球土壤是由许多层构成的，在一处深 3 米的地方，竟可以分出 58 层。每一层都可以为我们讲述一段很精彩的月球演化历史。

"阿波罗 15 号"宇航员和美国国旗

　　"阿波罗 15 号"所获得的月震资料表明，在月球南半部第谷环形山以西、大致月面以下 900 来千米的深处，存在着一个震源。据推测，在那个深度，在一处袋形地区，集中着处于熔融状的岩浆，其直径至少有好几十千米，正是由于它的活动而产生了月震。

　　在绕月轨道上指令舱内的沃登也做了大量工作。他对月球作了目视观测和进行广泛的照相。在距离月球 100 多千米的高空上，他看到并报道了澄海东南边缘上的火山灰锥状地形。此外，他还发射了一颗重约 35 千克的"孙卫星"，直到"阿波罗 15 号"飞船船组人员返回地面很久之后，它还在不断地向地球发回所收集到的宝贵信息和数据。

"阿波罗 16 号"

"阿波罗 16 号"飞船的 3 名宇航员分别是约翰·杨、杜克和马丁利。飞船于 1972 年 4 月 16 日发射成功，目的地是月球赤道附近的笛卡尔高地。据斟测，这个高地的面貌在许多方面都与月球背面的情况颇相像。与"阿波罗 15 号"一样，这次飞行也带了一辆月球车供月面交通之用。

"阿波罗 16 号"上的宇航员

约翰·杨和杜克在月面上总共停留了 73 小时，其中在舱外活动的时间为 20 小时又一刻钟。他们安装仪器设备，进行现场探测和收集标本。此外，高质量的月球车为宇航员们提供了良好的服务，是他们的好帮手，它带着宇航员在崎岖不平的月面上来回奔走了约 27 千米。

"阿波罗 16 号"登月宇航员

"阿波罗 16 号"飞船共收集了 95 千克左右的月球岩石和土壤，它们被送回地球之后都由科学家们作了仔细的观察、检验和分析。科学家对 30 多个土壤样品进行分析的结果，发现它们的组成成分中，碳占了很大比例。在这些样品以及早些时候采集的标本中，都发现了原始的有机物。但我们不能由此得出结论，说它们与地球上的生命起源有关。然而，进一步的分析和符合客观实际的科学推论，肯定会在这方面为我们提供重要信息，那就是：生命是怎样起源的。

◢ 最后一艘 "阿波罗" 号飞船

"阿波罗17号"宇宙飞船的发射，可以看作是美国空间探测计划一个阶段的结束。这次肩负探测任务的3名宇航员分别是塞尔南、伊文思和施密特。与塞尔南一起踏上月面的施密特是位职业地质学家，也是对月面进行实地考察的第一位专业科学家。他的专业知识是无可怀疑的：他从哈佛大学得到地质学博士学位，从加州理工学院得到科学学位；他一生从事地质学的教学和研究工作，并且还是早期宇航员们的地质学导师。

这最后一艘飞船降落在澄海东南边缘附近的一处比较平坦的地方。这里是一处山谷中的平地，其南面是高2000多米的山，此面的山较低，但也有1500米左右。降落在静海里的第一艘载人登月飞船——"阿波罗11号"，就在它南面700多千米处。

"阿波罗17号"是在1972年12月11日发射的，5天后抵达目

"阿波罗17号"宇航员

的地。它也带了一辆月球车，是带到月球上去的第三辆月球车。这是一辆经过改进的月球车，它可以用于记录月球表面重力及其变化和测量月面的一

些其他性质。宇航员们在月面的停留时间接近 75 小时，其间曾 3 次在登月舱外活动，每次都在 7 小时以上，使得在月面活动时间达到破纪录的 22 小时。宇航员们最远曾走到离降落点 7 千米多的地方。这也是前所未有的。月球车一共在月球上走了 37 千米的路程。

如果把比较完整的月球信息看作是一条锁链的话，那么在此之前的探测和研究已经获悉了这条锁链的一些环节，而还缺少另外一些环节。"阿波罗 17 号"的主要任务就是去寻找和补齐这些环节。为了完成这项任务，飞船携带了一些新的装备并计划进行一些更高级的实验项目。宇航员们利用各种新的手段探查了月面以下深处的地层情况，测量了月球的重力，根据月震记录研究了月球的"脉搏"，并分析了大气中的气体成分。

"阿波罗 17 号"宇航员在陨石坑旁

伊文思在绕月轨道上也并不空闲，他忙于做各种实验。例如：用红外照相的办法测定月面温度及其变化；用雷达测定月面以下直到 1 千多米深的岩石分布情况，并制成比较直观的图；用各种可能的手段和方法绘制月球图。

"阿波罗 17 号"宇航员们在月球上的最有价值的发现之一，是月面的橘黄色土壤。有人认为这是由于火山爆发时喷出的挥发性气体以及氧化铁之类的物质。但进一步的检验发现，它的颜色主要来自它所含的 90% 以上的玻璃质，而并非来自铁。此外，据测算，月球土壤的年龄约为 38 亿年，也许在此后的月球火山活动中，它只是没有结成板块而已。

1972 年 12 月 19 日，随着"阿波罗 17 号"飞船在南太平洋安全溅落的"扑通"声，宣告了史无前例的"阿波罗"探月计划的结束。从第一批宇航员登上月球到这次溅落，总共历时 3 年半。不论从哪方面来看，整个探测工作仅仅只是开了个头，还只是"序曲"，大量的工作还等待着去做。对已经取得的大量资料进行分类、整理、编目、观察、分析、评价和再评价等，也许会使科学家们忙上好几十年。举个例子来说，从月球带回来的 381 千克岩石样品和土壤标本，只有一部分得到了充分的检验和研究。总而言之，要解决那么多的月球难题，还需要相当长的时间。

"阿波罗 17 号"宇航员正挖掘月球表面，采集岩石样品

"阿波罗"号登月的一些内幕

1969 年 7 月 20 日，美国宇航员尼尔·阿姆斯特朗从"阿波罗 11 号"飞船登月舱走出，在月球表面留下人类登月的第一个脚印，实现了人类登月的梦想。40 年后，美国开始长达一周的庆祝活动，来纪念人类登上月球 40 周年。日前，英国媒体披露了更多"阿波罗 11 号"的登月内幕。

内幕一：登月美国国旗化为灰烬。

美国"阿波罗 11 号"登月任务中插在月球表面的那面美国国旗，一直是"月球阴谋论"中饱受质疑的主角。阴谋论者质疑称，月球上没有空气，可宇航员插在月球表面的美国国旗却能迎风飘扬，这一漏洞显示宇航员仍然身处地球。

而反驳者解释称，由于月球地质较硬，宇航员要用力扭动才能将旗插上，

"阿波罗 11 号"飞船的宇航员，自左至右：尼尔·阿姆斯特朗、迈克尔·柯林斯和巴兹·奥尔德林

所以这个扭动再加上旗杆本身弹性引起的振动，便造成了国旗的摆动，给人以"迎风飘扬"的假象。

事实上，宇航员在插这面美国国旗时，一直担心它插不牢，从而在电视直播中歪倒在月球表面上。据"登月第二人"巴兹·奥尔德林回忆称，当他们驾驶"鹰"号登月舱飞离月球表面时，他们看到火箭引擎强大的冲击波立即将这面美国国旗"刮"倒在地，使它躺在月球尘土中。

在美国宇航局的 6 次载人登月任务中，共有 6 面美国国旗被插在了月球上。不过，即使是最强大的望远镜也无法看到月球上的这些美国国旗，因为地球人需要直径大约 200 米的望远镜才能看清这些月球上的美国星条旗，而地球上最大望远镜的直径也只有 10 米左右。事实上，由于可怕的太阳紫外线，再加上这些美国国旗都是使用尼龙材料制成的，因此随着时间流逝，月球上的美国国旗可能早就化为灰烬了。

基本小知识

尼 龙

尼龙是美国杰出的科学家卡罗瑟斯及其领导下的一个科研小组研制出来的，是世界上出现的第一种合成纤维。尼龙的出现使纺织品的面貌焕然一新，它的合成是合成纤维工业的重大突破，同时也是高分子化学的一个重要里程碑。

内幕二：月球尘土气味像"火药"。

当阿姆斯特朗和奥尔德林乘坐登月舱返回绕月球轨道运行的"阿波罗11号"飞船上后，他们脱下了宇航服上的头盔，这时他们突然闻到了一股强烈的怪异的气味。

阿姆斯特朗描述称，这股怪味有点像是"壁炉中被水浇湿的灰烬的气味"，而奥尔德林则形容这种怪味有点像"用过的火药气味"。事实上，他们闻到的是通过他们的太空靴靴底被带到飞船上的一点点月球尘土的气味。

🪶 知识小链接

火 药

　　火药是中国"四大发明"之一，是人类文明史上的一项杰出的成就。火药又被称为"黑火药"，是在适当的外界能量作用下，自身能进行迅速而有规律的燃烧，同时生成大量高温燃气的物质。

"阿波罗11号"宇航员在第一次登月任务中发现了一种月球矿石——阿姆阿尔柯尔矿石，后来科学家在地球上也发现了这种矿石。这种月球矿石后来以3名"阿波罗11号"登月宇航员的名字命名，它们被叫作"尼尔·阿姆斯特朗、巴兹·奥尔德林和迈克尔·科林斯"。

内幕三：赴月途中发现神秘UFO。

据报道，"阿波罗11号"飞向月球的过程中，还曾遭遇过神秘的UFO。当时，地面任务控制中心接到一名宇航员发来的信息，要求地面控制中心提供其中一截被抛弃的火箭的具体方位。地面任务控制中心向宇航员证实，那枚火箭根本不在飞船附近。"阿波罗11号"的3名宇航员都处于异常震惊的状态，因为他们看到了一个不明飞行物。那个神秘的UFO一直漂浮在距飞船大约9656千米远的地方。奥尔德林说："迈克尔能够通过望远镜看到它，它

呈"L"形。我们3人都决定不报告给地面控制中心……谁知道是否有人会因此要求我们立即返航，因为我们遇到了外星人或其他什么东西?"3名宇航员决定不再讨论这个神秘UFO，而是闭上眼睛睡觉。等他们醒来时，他们发现那个神秘的UFO已经消失了。

内幕四:"阿波罗"算不过现代手机。

事实上，美国航空航天局一开始也对"阿波罗11号"载人登月任务能否成功心里没底，因为"阿波罗"飞船的计算机处理能力还不如一部现代手机。"阿波罗11号"任务的计算机工程师杰克·加曼说:"我们地面控制中心的监控屏幕和设备摆满了整个房间，但所有这些

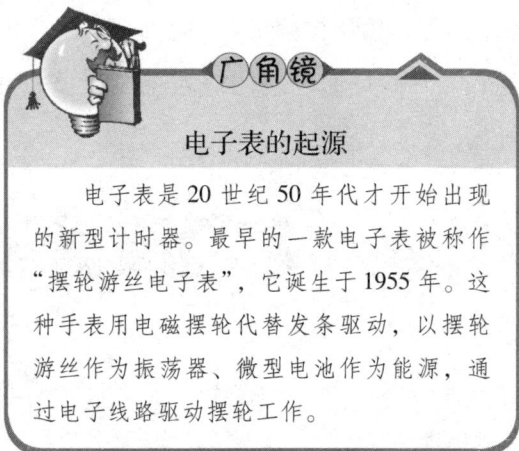

广角镜

电子表的起源

电子表是20世纪50年代才开始出现的新型计时器。最早的一款电子表被称作"摆轮游丝电子表"，它诞生于1955年。这种手表用电磁摆轮代替发条驱动，以摆轮游丝作为振荡器、微型电池作为能源，通过电子线路驱动摆轮工作。

设备的总处理能力只相当于一台现在的笔记本电脑。而"阿波罗11号"飞船的计算机处理能力就更加原始了，它的处理能力大约在一块电子表和一部手机之间。"

而"鹰"号登月舱和现代的太空舱相比也十分脆弱，形同玩具。"阿波罗11号"登月任务主管吉恩·克朗兹说:"如果你用手指狠狠地戳向它的墙壁，说不定能将它戳个洞。因为它的墙壁只有两层铝箔那么厚。"

内幕五:圆珠笔救了"登月任务"。

尽管"阿波罗11号"登月任务表面看起来非常顺利和成功，但鲜为人知的是，因为"鹰"号登月舱的一个潜在故障，曾差点儿令登月宇航员永远被困在月球上。

据悉，"鹰"号登月舱准备飞离月球表面时，竟然只剩下一个引擎可以工作。雪上加霜的是，发动登月舱引擎的电路开关也失灵了，阿姆斯特朗和奥

尔德林尽力保持平静，和地面控制中心商量着各种解决办法。在一切尝试都无效果后，奥尔德林作出了最后的努力。他拿起一支旧圆珠笔，将圆珠笔顶端的铜芯卡进了电路中，令人难以置信的是，引擎启动了。一支旧圆珠笔挽救了"阿波罗11号"的登月任务！

内幕六：宇航员返回后被隔离3周。

当"阿波罗11号"的3名宇航员安全返回地球后，他们并没有立即返回家中，而是在一个无菌化的密室中被隔离了整整3个礼拜。因为美国宇航局担心他们可能会从月球上带回某种不为人知的太空病原体，从而给对这种病毒毫无免疫能力的人类带来毁灭性的灾难。在美国科幻恐怖电影中，异形和外星病毒经常会寄生在宇航员身上，从而抵达地球。直到3名宇航员被隔离了3个礼拜后，美国宇航局的医

尼克松总统通过美国军舰"大黄蜂"号上移动检疫设施的窗户和尼尔·阿姆斯特朗、迈克尔·科林斯和巴兹·奥尔德林（自右至左）分享一个笑话

学专家认为他们并没有被病毒感染，这才将他们放出"隔离室"，和家人幸福团聚。

内幕七：白宫事先炮制"登月悼词"。

美国当时的总统尼克松十分担心"阿波罗11号"登月任务会以失败告终。他坚持要求演讲稿撰写人事先为他准备一份宇航员遇难的悼词。为防患于未然，白宫演讲稿撰写人比尔·萨菲尔在1969年7月18日写出了感人肺腑的"登月悼词"。这份悼词以悲痛的语调写道："命运决定这些前往月球探险的人将永远在月球上安息，这些勇敢的男人早就知道，他们没有任何回来的希望，不过他们也知道，由于他们的牺牲，人类将拥有更多的

希望。"

白　宫

白宫是美国总统的官邸。在华盛顿宾夕法尼亚街。墙垣皆白，故名。今作为美国政府的代称。

"阴谋论" 的质疑

自"阿波罗 11 号"的 2 名美国宇航员登上月球以来，随着"阿波罗"计划的进展，总有一股质疑"阿波罗"载人登月的"阴谋论"声音在广为流传，乃至甚嚣尘上。"阴谋论"列举了大量的"证据"，认为"阿波罗 11 号"登月事件纯属弥天大谎，完全是美国宇航局的阴谋；"阿波罗 11 号"飞船中的宇航员从未登陆月球，宇航员登陆月球的照片是在美国内华达州沙漠中被称为"梦幻之地"的军事禁区"51 区"拍摄的，或者是在摄影棚中拍摄伪造的。美国人比尔·凯信出版了一本书《我们从未到过月球》，列举了大量

登月舱的梯子和底座留在了月球上，上面有一块阿姆斯特朗、科林斯、奥尔德林和尼克松总统签字的纪念标牌。上面写道："公元 1969 年 7 月，地球人首先在这里踏上月球。我们为全人类的和平到来。"

的怀疑论调。通过媒体的炒作，1979 年约有 6% 的美国公众相信"阴谋论"，1999 年为 11%，如今竟然上升到 22%（约 6000 万人）。随着"阴谋论"在网络上传播，各国的信徒也愈来愈多。

"阿波罗"登月"阴谋论"的提出者"仔细鉴定"美国宇航局公布的登月录像和照片后，发现了许多无法解释，甚至自相矛盾的漏洞，典型的"论据"有：

宇航员插在月面的美国国旗"迎风招展"。

在录像片中，宇航员插在月球土壤中的美国国旗表面不太平整，边缘略有卷曲，并且看上去一直在"迎风招展"。他们质疑，月球表面的大气压为地球大气压的 1/1014，处于超高真空状态，不可能有风。旗帜迎风招展不可能在月球上发生，只能是在摄影棚里拍摄。

实际上，宇航员带上月球的是一面塑料制成的美国国旗，由于旗杆太长，"阿波罗"飞船的舱内不能放置，只好卷起来绑到着陆舱的腿上。宇航员走出着陆舱后，取下旗杆，将横杆拉开，国旗像撑伞一样张开，但不平整，边缘略有卷曲。宇航员用力握住竖杆插入月球土壤中，松开后旗杆晃动，带动旗帜摆动，成为"迎风招展"的旗帜。由于月球表面处于超高真空状态，没有空气介质造成的阻力，振

阿姆斯特朗与美国国旗的合影

动的旗杆可以较长时间摆动，这恰好证明美国国旗是插在超高真空的月球表面。

月球上拍摄照片时漆黑的天空背景

漆黑的天空没有明亮的星星。

月球没有大气层，没有空气介质对光的散射，天空是漆黑的，但天空中的星星应该是明亮的。而美国宇航局提供的全部照片和录像片只能看到漆黑的夜空，看不到一颗星星。"阴谋论"者认为，很显然，全部的照片和录像片不是在月球上拍摄的，而是在摄影棚内伪造的。

实际上，当时宇航员在月面拍摄的漆黑天空是使用胶片拍摄的，由于白天月球表面对太阳光的反射很强，在月面强光源的背景下，拍摄照片时曝光时间必须很短，所以就不可能拍摄到天空中的星星。这看不到一颗星星的漆黑天空，正是在月面拍摄的有力证据。

宇航员在登月舱附近出现多个影子。

"阴谋论"者提出，月球表面只有一个光源——太阳，但宇航员却出现了多个影子，说明是在摄影棚的灯光下拍摄的。事实上，登月舱的外形是极不平整的多面体，月面也是凹凸不平的。因此，登月舱和月面对太阳光的反射是多方向的，既有多个方向的镜面反射，又有月面的漫反射，因而使宇航员出现多个影子，这正说明照片是在月球表面拍摄的。同理还可

宇航员在月球上行走

以解释以下"怪异"现象：为什么宇航员在登月舱的阴影里，但其身上的宇航服却仍然是明亮的；为什么宇航员走下舷梯时，太阳明明是从他背后照过来的，但他的前胸却是明亮的等。

2007年发射的"月亮女神"探测器没有发现"阿波罗"登月的痕迹。

最近，"阴谋论"者更是获得了"铁证"。他们提出，2007年发射的日本月球探测卫星"月亮女神"探测器在经过"阿波罗15号"和"阿波罗17号"着陆区的上空时，没有发现"阿波罗15号"和"阿波罗17号"遗留在月面上的月球车和着陆器，也没有发现任何人为活动的痕迹，证明"阿波罗15号"和"阿波罗17号"飞船根本没有登陆过月球。这篇报道经各大媒体竞相传播，闹得沸沸扬扬，一时间舆论一边倒地认同"阿波罗"载人登月是一个"阴谋"。美国宇航局的新闻发言人在回答媒体提问时说，"月亮女神"在

日本宇航局公布的"月亮女神"拍摄的"阿波罗17号"登月点3D照片

"阿波罗"着陆区发现的一些黑色的斑块，就是人为活动的痕迹。但这种含糊其辞的回答显得苍白无力，无法平息怒涛般的质疑声。

大家知道，日本的绕月探测卫星"月亮女神"号是一箭三星，包括1颗主卫星和2颗子卫星，主卫星被命名为"辉夜姬"（日本古代传说中的月亮女神，类似于中国神

美国的登月车没在月球表面留下车辙痕迹

从月球上看地球升起

话传说中的嫦娥），2颗子卫星分别以辉夜姬在人间的养父母"翁"和"妪"命名。拍摄照片的是主卫星"辉夜姬"，飞行轨道高度为100千米，但卫星上的CCD相机的空间分辨率为10多米，至少要大于50～60米的月面物体才能在照片上分辨出来。而"阿波罗15号"和"阿波罗17号"的着陆器和月球车大小为2～3米，"辉夜姬"的照片上根本不可能显示出月球车和着陆器的痕迹。

"阴谋论"的制造者认为，"阿波罗"载人登月完全是伪造的，是20世纪最大的科学骗局。他们认为，美国宇航局之所以要制造谎言，欺骗公众，目的是制造假象，一举击败前苏联；另外一个目的是转移美国公众的注意力，掩盖"阿波罗"计划耗资巨大但仍陷入失败的困境。但可惜的是，"阿波罗"载人登月"阴谋论"所列举的"科学论据"却是如此不堪一击，不值一驳，

"哥伦比亚"指挥舱降落在太平洋之后，"蛙人"准备打开舱门

有些还显得比较低级和庸俗。略对月球有所了解的公众，通过认真思考完全可以解释清楚。

假如美国宇航局长期制造骗局，怎样才能控制参与"阿波罗"计划的2万家企业、200多所大学、80几个研究所和40余万科技人员来共同维护这个骗局长达40年之久？又怎样才能使前苏联的克格勃间谍长久保持沉默而不予揭穿？何况全世界许多国家的科学家（包括中国）都研究过"阿波罗"宇航员采集的月球样品，为何没有一位科学家站出来质疑，而唯有"阴谋论"者喋喋不休地鼓噪呢？

指挥舱开动发动机离开绕月轨道返航，这是期间从"哥伦比亚"指挥舱上看到的月球

也许，"阿波罗"载人登月"阴谋论"的制造者在制造另一个"阴谋"，他们不断提出一些似是而非的"论据"，广为传播，制造一轮又一轮跌宕起伏的高潮，吊着公众的胃口，引发公众对科学的兴趣，让公众在时隔40年之后的今天仍热度不减地关注"阿波罗"登月，关注美国的科学进步，从而提高公众的科学判断能力。也许他们是以一种别致的、巧妙的、积极的方式长久地宣传美国载人登月的伟大成就。

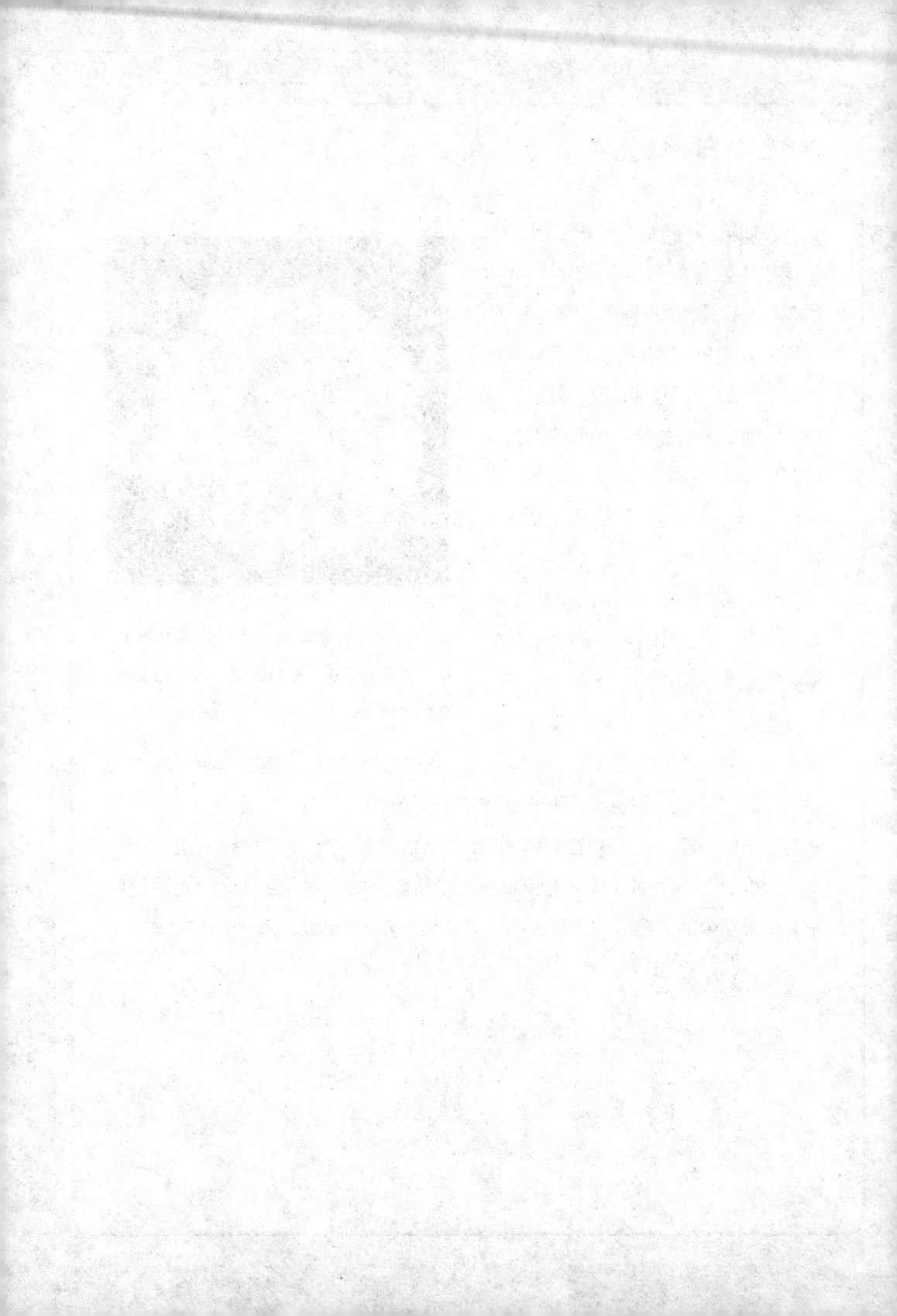

月球上的神秘建筑物与 UFO

人类在实现登月以前，就已经在月面上观测到无数个"建筑物"，在天文学文献中也有大量记载，其中最惊人的记录是美国《纽约先驱论坛报》科学部的编辑约翰·奥尼尔在 1954 年宣布的，他在月面的危海发现了一座巨大的桥型建筑物。有趣的是，其他著名的天文学家也用各自的望远镜确认，那是一座桥型物。其中的一位还明确地说，这座桥全长 19.3 千米。那座"桥"果真是建筑物，还是大自然施展的"技巧"呢？

类似于此种事件的还有前苏联发现的月面上的"纪念碑"，美国发现的月面上的"金字塔"，还有"阿波罗 11 号"乘员目击的 UFO。这种种事件真正存在吗？下面就让我们一起走进第十一章，来揭开月球上的神秘面纱。

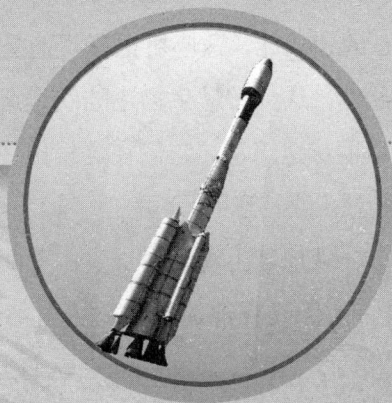

◑ 月球上的 "桥"

人类在实现登月以前很久，就已在月面上观测到无数个"建筑物"，在天文学文献中也有大量记载。其中最惊人的记录是美国《纽约先驱论坛报》科学部的编辑约翰·奥尼尔在 1954 年宣布的，他在月面的危海发现了一座巨大的桥形建筑物。有趣的是，其他著名的天文学家也用各自的望远镜确认，那是一座桥形物。其中一位还明确地说，那座桥全长达 19.3 千米。那座"桥"果真是座建筑物，还是纯粹大自然施展的"技巧"呢？

英国著名天文学家威尔金斯博士（英国皇家天文学会月面研究所所长）在 BBC 广播公司的广播节目中发表了自己的看法："那个桥形物似乎是建造而成。"进而他又对听众的疑问——"如果是建筑物的话，能谈得更具体些吗？"做了回答："说它是建筑物也就是说它是运用技术建造而成的。"威尔金斯博士又补充说，那座桥还在月面留下了投影，看上去与一般的桥没什么两样。这位月球研究权威还告诉听众们，他甚至可以看到照入桥下的阳光。这番新奇的说法使听众们吃惊不小。在这次广播节目中，威尔金斯博士不仅只字未提这座桥是"自然形成的东西"，而且多次强调它"似乎是人工所成"。他曾经多次认真观察过月面的危海，对那里已了如指掌，但过去那里并不存在这座桥，这是事实。正因为如此，这座桥很有可能是来自其他行星的"人类"在近年内建造的。此外，这种智慧生物还陆续建造了四角形或三角形的壁状物，甚至还建造了圆顶状建筑物，它们在这里出现又在那里消失。这难道不是来自其他行星的智慧生物特意所为吗？

与此相反的意见认为，从地球上观测月球，由于两者距离相当遥远，我们可能会将天然物体错认为桥或其他建筑物，想当然地认为那是"人工所成"。如果从宇宙空间拍摄地球照片，比如从正在轨道上飞行的宇宙飞船上拍摄地球照片，我们会把美国亚利桑那陨石坑和尼日利亚北部撒哈拉沙漠的边沿毫不怀疑地视为建筑物，有时也会将它们视为不规则的连绵不断的壁状物。当然，由于我们站在地球上，所以我们清楚地知道它们都是自然形成的地貌。也就是说，这一事实告诫我们：必须审慎地看待那个"桥"的结论。

◆▶ 前苏联发现了月面上的 "纪念碑"

根据前苏联的月球探测计划，1966 年 2 月 4 日，"月球 9 号"探测器在月面的风暴洋着陆。在风暴洋拍摄到的照片上显示出极像塔形的物体，这些"塔形物"整齐地排成一列。

伊万·桑达森博士是一个科学协会的理事，同时又是一家科学杂志的编辑。他在分析了这些照片后说："这些类似机场跑道标志塔的物体等距离排列，似乎呈两条直线。"这些圆形石柱无一例外地刚好处在阳光能够照射到并能投射出影子的位置上，而且照片上还拍摄到一个很像飞行物体的东西正在着陆的场面，十分清晰。

除了桑达森博士外，还有其他学者也将这种奇妙的月面建筑物向全世界作了介绍。前苏联的宣传媒介和一份名为《青年技师》的杂志刊登了这一报道。这份杂志不仅详细地叙述了这一发现，还称之为"岩石标志"，附带说明这些标志是"建筑物"。在结论中，这篇报道推测说："这些塔形物不是自然形成的东西，的确是其他星球来的生物建造的。"

根据当时拍摄的两组照片，他将那条"跑道"变成三维图像后重现出来。也许正是得益于伊万诺夫所说的"幸运"，科学家们得以推测出这些塔与塔之间的距离。他们自己也感到吃惊——这些塔实际上是等距离建造的，而且这些塔的高度也彼此相等。伊万诺夫说："我们观测了这些塔的建造地点的周围，认为不存在这样的岩石。这些塔看上去似乎是依据几何学法则建造的。"

这一发现被作为最重要的科学发现，在美国和前苏联广为人知。然而令人不解的是，这样的重大发现却往往很快被人们忘在脑后。

美国一个大科学基金会的负责人阿尔特·罗森布朗说，他是在《苏联的四维科学》这本书中知道这些塔的存在的。而这本书在美国的出版已是很久以前的事了。罗森布朗认为，美国航空航天局的权威人士未必对该书在美国发行感到高兴。这是为什么呢？是因为美国航空航天局似乎隐瞒了某种事实吗？

如果这些塔状物的确是来自其他星球的生物所建造的，那么他们的目的究竟何在呢？

> **趣味点击** **外星人**
>
> 外星人是对地球以外智慧生命的统称。古今中外一直有关于"外星人"的假想，在各国史书中也有不少疑似"外星人"的奇异记载，但现今人类还无法确定是否有"外星人"，甚至是外星生命的存在。

桑达森博士推测说："这些塔状物与地球上的方尖碑也许是同一渊源。从事宇宙旅行的来自其他星球的客人，可能为了向后来者提供目标方位才建造了这些塔状物。从这个意义上说，塔状物起着'向导'的作用。"不过他说不清外星人在地球上建立方尖碑的缘由。有一位科学家推测说，这些方尖碑也许是引导宇宙飞船起飞和降落的"跑道"，或者不是将外星人的飞船引向月面，而是引向月球内部的标志。

令人更加不可思议的是，在风暴洋的另一边的确有一个被认为是通向月球内部的洞穴，这里也许是进入月球内部的入口。威尔金斯博士认为，在这个入口内部还应开有其他几个洞穴，以与月球表面的其他洞口相连。他本人曾发现了一个名为"卡西尼 A"的环形山内部的大坑穴。这个环形山直径 2.4 千米，是一个较大的环形山，深入月球内部约 200 米，换句话说，相当于 2 个足球场长度之和。威尔金斯博士在《我们的月球》一书中写道："在这个环形山内侧中间有一个直径约 200 米的洞穴，内壁像玻璃一样光滑。"

美国发现了 "月面金字塔"

前苏联人在月面发现了塔状物，这件事对美国有关当局来说在某种意义上是一个冲击。然而，1966年11月20日美国的 "月球轨道环行器2号" 在执行月面探测计划时，也发现了月面上的塔状物，地点就是人类在月面首次留下脚印的静海。当时这艘探测器正从47千米的距离对月面进行拍摄。

从照片上可见，那些塔状物有点儿像陈列在美国纽约中央公园的 "克娄巴特拉（埃及托勒密王朝的末代女王，以美貌妖艳著称）之针"，也可以说它们像埃及的方尖碑，也像华盛顿纪念碑。科学家们分析了这些照片后得出结论说，这些塔状物高度在12~23米。而前苏联科学家估计，这些塔状物比美国科学家计算的结果高出3倍，其高度相当于地球上一座15层的大厦。原在美国航空航天局供职、现在史密森尼安研究所从事科学研究工作的地质学家法尔克·埃尔·巴斯博士说，这些塔状物与地球上任何建筑物相比都要高得多。

比塔状物的高度和尺寸更重要的是它所处的位置。美国波音飞机公司科学研究所的生物工程学博士威廉·布莱亚认为，这些塔状物是按照几何学法则排列的。这位考古学、自然人类学及遗传工程学方面的权威强调说："如果这些突起物（塔状物）确实是基于地质学的理由建立起来的话，那么它们就会分散零落，而不是整齐排列。但是根据测量

拓展思考

遗传工程

遗传工程，也叫 "基因操作" 或 "重组DNA技术"，是20世纪70年代以后兴起的一门新技术，其主要原理是，用人工的方法把生物的遗传物质，通常是脱氧核糖核酸分离出来，在体外进行基因切割、连接、重组、转移和表达的技术。

结果，将它们置于 X、Y、Z 三维坐标系中构成立体形状时；便明确无误地显示了它们的存在。也就是说，它的 2 条底边和 3 个顶点构成了等腰三角形、等边三角形和直角三角形。"

美国《洛杉矶时报》1966 年 2 月 26 日刊登了布莱亚博士运用几何学分析和显示的这些塔状物的位置关系图，他是根据"月球轨道环行器 2 号"拍摄的照片拟出这张草图的。布莱亚博士确信："这 7 座塔状物绝不是漫不经心之作！"因为在《洛杉矶时报》刊出的右侧鸟瞰图上，塔状物的 3 个顶点和 2 条底边构成了 6 个等腰三角形，这样的东西当然不可能是自然形成的，更何况在这些塔状物的两边正好有

拓展阅读

玛雅文明

玛雅文明，是拉丁美洲古代印第安人文明，美洲古代印第安文明的杰出代表，以印第安玛雅人而得名。约形成于公元前 2500 年，主要分布在墨西哥南部、危地马拉、巴西、伯利兹以及洪都拉斯和萨尔瓦多西部地区。和传说相反的是，玛雅人从未消失，现在仍有 300 万玛雅人居住在犹加敦半岛地区。

一块长方形的洼地？布莱亚博士证明说："仔细观察这些塔状物的阴影部分后可知，那里构成了 4 个 90° 的角，很像是建有建筑物的地基。"他认为有必要就这些建筑物进行更透彻的研究。因为在地球上要是有了类似发现的话，考古学家们为了更深入的调查，会在该地进行发掘研究。这位人类学权威不无遗憾地说："如果我们用同样的方式来对待地球上的建筑物的话，玛雅文明和阿兹特克文明就肯定不会直到今天仍沉睡在莽莽丛林之中了。"布莱亚博士得出了如下的结论："如果那些古代文物原来在哪里仍待在哪里的话，那么由考古学的发掘研究进展而来的地球物理学，到今天也不会有什么起色，我们所知的人类在物理方面的进化注定仍是迷雾一团。"

不过，一些科学家们未必与布莱亚博士持同样看法。在美国波音飞机公

司科学研究所供职的理查德·肖特希尔博士认为："一模一样的岩石在月面上俯拾皆是，随便翻几张月面照片就能看到，难道不能从中找出几个形状相近的吗？"这番话概括了肖特希尔博士对塔状物的见解。也就是说，这些明显具有几何学特征的针形突起物的数量随着科学家对月面观测范围的扩大而激增。

苏联空间工程学家亚历山大·阿布拉莫夫在研究过"月球轨道环行器 2号"拍摄的照片后，也得出了与布莱亚博士相同的结论，即这些建筑物（塔状物）是按照几何学法则排列的。不过阿布拉莫夫也指出，这些塔状物的排列方式总在发生很显著的变化。他计算了这些塔状物的建造角度，运用几何学原理进行了分析，结果令人惊奇——这些塔状物与人们所知的"埃及三角"的排列方式完全一样。月面上的据说是人工所成的建筑物竟然与地球上的考古学家和历史学家熟知的"埃及三角"构形相同，这难道是偶然的吗？

阿布拉莫夫说："如果对这些月面物体进行分类的话，事实上它们与开罗郊外吉萨的胡夫、哈夫拉、奇阿普斯等埃及法老的大金字塔群何其相似！"如果以月面阿巴卡地区的塔状物为中心的话，那么它们的排列与埃及三大金字塔的顶点的排列就毫无差别了。如果情况正如伊万·桑达森博士的报告所言，假定阿布拉莫夫的计算是准确无误的，那么这不正可以引为月面上存在智慧生物的证据吗？难道我们就不能认为在地球上也会遗留下同样的智慧生物吗？或者有这种智慧生物存在过的迹象？遗憾的是，今天我们还不能得出令人信服的答案。

这里还有一个关键问题，那就是如何证明这些月面建筑物不是自然形成的，而是智慧生物建造的。法尔克·埃尔·巴斯博士说："根据几座塔状物在月面上的投影计算，它们比地球上的任何建筑物都要高，也比其他塔状物要高，似鹤立鸡群（一般而言，它们比地球上最高的建筑物要高 2~3 倍）。"他强调指出："这些塔状物的颜色要比它们周围月面的颜色明快得多，它们是用其他物质构成的，而不是月面上的物质。"

美国和前苏联某些权威宇宙科学家不约而同地得出了一致的结论。就这件事而言，我们难道不能说，他们已经掌握了月面上存在智慧生物的确切证

据吗？如果我们相信前苏联科学院两位科学家所言为真的话，那么他们曾说过，有大量证据表明从以往的漫长岁月到今天，智慧生物一直生存于月球内部。如果确有此事的话，那么月球不就可以说是一艘被操纵了若干亿年的巨型宇宙飞船吗？

➡ "阿波罗 8 号" 发现月面巨大物体

"阿波罗 8 号"的宇航员弗朗克·博尔曼、詹姆斯·洛弗尔、威廉·安德斯进行了首次载人地球轨道飞行，并做了有推力的轨道变换试验。这次飞行是在 1968 年 12 月 21 日至 27 日进行的。当他们一边接近月球，一边观察未来的着陆地点时，发生了事前未曾料到的情况：他们沿着月球轨道飞至月球背面时，空中出现了一个巨大的地外物体，他们成功地将其摄入镜头。该物体直径足有 16 千米。当他们再次飞至月球背面，准备再拍下一些照片时，那个庞然大物已经消失了。这个巨大物体也许是突然消失的，因为在宇航员们当时拍摄的照片上没有留下有什么物体正在着陆的迹象。也许它隐入了月球内部的地下基地。谁也不知道它的去向。那物体究竟是什么呢？那是处在月球内部的月球基地中的外星人建造的，还是前来牵制"阿波罗 8 号"的来自其他星球的宇宙飞船呢？直到今天，科学界仍无法对这一所见作出正确的分析，无法说明它从何而来，又在哪里隐没不见。

➡ 接近 "阿波罗 10 号" 的神秘飞船

"阿波罗 10 号"的乘员是塞尔南、斯塔福德、约翰·扬 3 人，他们首次进行了登月舱的试验。他们的任务是进行人类实际登月之外的所有试验。他们乘登月舱下降到距离月面 14.3 千米处，拍摄了"阿波罗 11 号"准备着陆的位置，在脱离指令舱 11 小时以后会接。正如宇航员们所说，最困难的使命是全面试验登月舱，找到"阿波罗 11 号"准备着陆的地点。登月舱的名称叫"史努比"，取自美国漫画主人公爱犬的名字；而指令舱则用那位美国漫画主人公的名字命名，叫查理·布朗。

　　1969 年 5 月 22 日，指令舱进入月球轨道，而登月舱首次飞临月球上空，最近处距月面只有 14.3 千米，这是有史以来人类如此接近月球。在登月舱下降到距月面还有 7.2 千米时，突然一个 UFO 垂直上升，向"阿波罗 10 号"登月舱"致意"。"阿波罗 10 号"的乘员们不仅目击了与这个 UFO 遭遇的过程，还来得及将其收入 16 毫米电影摄影机的镜头，拍下了几张照片，但是从未公之于众。

▶ "阿波罗 11 号" 乘员也曾目击 UFO

　　1969 年 7 月 19 日美国东部时间下午 6 点，人类第一次登月的头两天，宇航员奥尔德林操纵着登月舱，宇航员阿姆斯特朗一边用电影摄影机拍摄月面，一边听着地面飞行控制中心发来的关于登月舱着陆时应注意事项的提示。就在这时，2 个 UFO 突然出现了，其中一个比另一个明显大得多。2 个 UFO 从月面向着已进入月球轨道的"阿波罗 11 号"直升上来。这 2 个 UFO 以惊人的速度到达了与摄影机同一水平的位置。当时 2 个 UFO 急速改变了方向，迅速横穿过"阿波罗 11 号"乘员的视野，在左侧消失。几秒钟后，这 2 个 UFO 又出现在"阿波罗 11 号"的上空并降低高度。奥尔德林将摄影机转动了 90°，那 2 个 UFO 像是愿意被摄入镜头似的，悬停不动了。奥尔德林突然发现在 2 个 UFO 之间有一道光闪过。

　　被称为"20 世纪 UFO 办事处"的罗伯特·巴利对此作了如下解释："据推测，也许这道光与 UFO 的动力有关，比如它可能在排气。"

宇航员们惊异地注视着这2个UFO，这时，2个UFO分离并同时垂直上升，从他们的视野中很快消失。据宇航员们透露，当UFO离去时可以更明显地感到它具有力场，像用后光灯在照射。不过UFO并没有就此隐没，不一会2个UFO中的一个又回到摄影机前，随即又从宇航员的视野中迅速消失。在整个过程中，大约有10个卵形物体从摄影机前飞过。

罗伯特·巴利说："美国航空航天局当然不会把UFO的照片公之于世，所以在报刊杂志上刊登的照片中就不会有UFO的形象，要把那些照片搞到手十分不易，甚至会大吃苦头。"然而这位积极进取的UFO研究者不但把这些照片搞到了手，还公开报道了。他把这些照片无偿奉献给为了实施"阿波罗计划"而付出大笔金钱的美国纳税人。

◉ 其他宇航员的目击记录

"阿波罗12号"在距月球还有一段路程的时候，乘员们目击到3个UFO。当时宇航员报告说，他们与地面飞行控制中心的通话被类似消防车警笛的声音所打断。在"阿波罗12号"返回地球、溅落太平洋之前又看到1个UFO。

"阿波罗15号"的宇航员斯科特和欧文看到在月球上空一闪而过的飞行物体。

"阿波罗16号"在月球轨道上飞行时，宇航员马丁利看到一个发光物横穿过月球上空，两三秒钟后在月球的"地平线"上消失。前美国航空航天局的科学家法尔克·埃尔·巴斯说："宇航员目击到这种发光物肯定是UFO。不管怎样，据我们所知，还没有以如此高速飞行的飞机。无论在月面还是月球上空，美苏都没有那种飞行物。"

"阿波罗17号"的宇航员伊文思和施密特目击到2个UFO，他们2人是首次登月的科学家。在月球附近目击到UFO的人涉及参与"阿波罗计划"的所有宇航员。为什么舆论界在转播"阿波罗"飞船登月的电视实况中没有觉察到这些"目击事件"呢？而且连现场报告也没有，可是为什么后来又有了这样的报告呢？

马丁利

托马斯·肯内斯·肯·马丁利二世曾是一位美国国家航空航天局的宇航员，执行过"阿波罗16号"、STS-4以及STS-51-C任务。

曾在美国航空航天局工作多年的斯坦顿·弗里德曼指出："在实施'阿波罗计划'过程中流传着UFO的目击事件来自宇航员与地面飞行控制中心的通话。然而现在这种无线电信号由休斯敦飞行控制中心直接接收，经过审查不能向美国航空航天局外扩散的内容该删除的便删除了，然后再由休斯敦飞行控制中心向美国全国播放。"

此外美国航空航天局还使用了一种通话方法，那就是地面飞行控制中心与宇航员约定在一个很短的时间里使用秘密频道和密码系统通话。在斯坦顿·弗里德曼撰写的《月球宇宙飞船之谜》一书中透露了地面飞行控制中心与宇航员在目击UFO时的通话。当时他们之间的通话使用了一种

趣味点击　UFO

UFO全称为"不明飞行物"，也称"飞碟"，是指不明来历、不明空间、不明结构、不明性质，但又漂浮、飞行在空中的物体。一些人相信它是来自其他行星的太空船，有些人则认为UFO属于自然现象。

"特殊的语言"——暗语，比如"威士忌、威士忌"、"巴巴拉、巴巴拉"或"一千、一千"等。

曾在美国航空航天局工作多年的这位科学家认为，这种特殊语言意味着启用秘密频道。美国航空航天局的确设置了秘密通信频道。耐人寻味的是，美国蒙大拿州的洲际导弹基地就用的是"一千、一千"这一代号。美国航空

航天局不打算公开的通话可能是利用这个军事基地的无线电台进行的。"威士忌、威士忌"、"巴巴拉、巴巴拉"、"布拉波、布拉波"等暗语恰与西方的一些军事基地代号相同，令人吃惊。

直到今天，美国航空航天局仍未公布宇航员在太空与 UFO 遭遇的事件。现在以 UFO 现象为主要研究项目的科学家斯坦顿·弗里德曼曾与"阿波罗"飞船的一位宇航员进行过 2 个小时的讨论。他说："我对 UFO 现象怀有浓厚的兴趣，即使我告诉他，我搞到了 4 份极难见到的 UFO 事件记录，可是他还是不愿谈及任何一次亲身经历。"他对这位宇航员守口如瓶的原因作了如下分析："我要对未曾在秘密机构内工作过的人特别指出的是，这种计划可以作为通常的企业机密看待，严格地说，与地球相关的任何秘密更是机密中的机密。据我所知道的，美国航空航天局各种资料中的大部分实际上都被称为机密。对泄漏这些机密者的惩罚是相当严厉的，有必要的话，将不惜编造故事掩盖谎言。我在美国航空航天局工作的 15 年，对此是深有体会的，工作人员要宣誓决不背叛政府。尽管如此，某些机密事件还是由于偶然的疏忽暴露出来。"

宇航员们都对飞行过程的所见保持沉默，不过他们在私下里微妙的表情说明 UFO 是存在的。

曾经在月面上留下人类第一个脚印的宇航员阿姆斯特朗就月面上是否存在 UFO 讲了这么一番话："如果你认为不存在的话，那么你在这场打赌中就不会占上风。"

第六个在月面留下脚印的米切尔这样谈到 UFO："对 UFO 我还不明白的只是，它们来自何处。"

宇航员塞尔南说："我相信 UFO 来自宇宙某个角落的文明世界。"

美国航空航天局非正式地承认 UFO

美国加利福尼亚大学教授詹姆斯·哈德在某大学的学术讨论会上说："有

几艘'阿波罗'飞船曾被 UFO 跟踪。"美国合众社发表了他的谈话。通过该通信社的电话服务，哈德博士在反复收听"阿波罗"飞船与休斯敦飞行控制中心的通话后，他说他发现了在"阿波罗"飞船与 UFO 之间发生的事件。根据哈德博士的谈话内容分析，"阿波罗 11 号"在飞往月球途中，一半路程被 UFO 跟踪；"阿波罗 12 号"在沿月球轨道飞行时，曾被 UFO 跟踪飞行了 3 圈。哈德博士在这些事实的基础上，坚决要求美国航空航天局说明事实真相，结果美国航空航天局非正式地承认了这些事实："有理由这么说，当局担心公众也许会因这些 UFO 事件引起恐慌，所以秘而不宣。"

哈德还说，有一位实施"阿波罗计划"的宇航员（他拒绝公布自己的名字）承认，他在执行使命过程中曾与 UFO 遭遇。据这位加利福尼亚大学的教授说，关于"无法解释的飞行物体"的飞行速度，美国航空航天局正式发表的公报所说与地面飞行控制中心用仪器实测的并不一致（美国航空航天局把"无法解释的飞行物体"说成是空间探测装置的残骸）。美国航空航天局解释说，宇航员在太空看到的总的来说是宇宙飞船或是火箭、导弹、空间系统的部件。

知识小链接

导　弹

导弹，是一种依靠制导系统来控制飞行轨迹的可以指定攻击目标，甚至追踪目标动向的无人驾驶武器，其任务是把战斗部装药在打击目标附近引爆并毁伤目标或在没有战斗部的情况下依靠自身动能直接撞击目标以达到毁伤效果。

宇航员塘尔曼在回答一位飞行员向他提问"是否见过 UFO"时，他否定了公开的报道，说："毫无疑问那就是 UFO！"

"……那都是空间飞行器的残骸……"这种解释成了宇航员们"唱"过的、美国航空航天局编写的老掉牙的"歌词"。

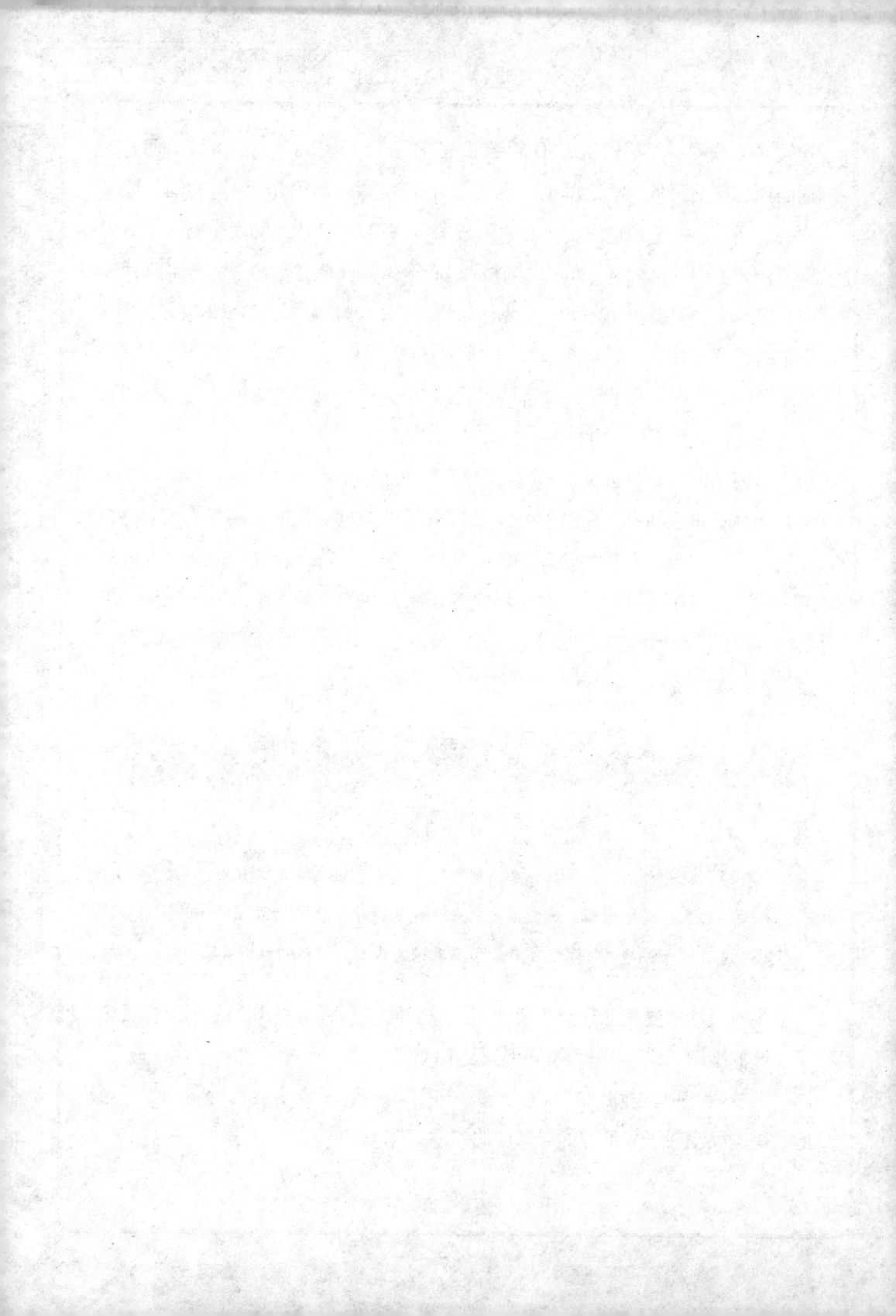

有关月亮的传说

在中国古代神话中，关于月亮的故事数不胜数，其中最为著名的有"嫦娥奔月"、"吴刚折桂"等。

相传在古代有一名女子叫作嫦娥，因为偷吃了丈夫后羿的仙丹而飞上了天庭，成为神仙，居住在那广寒宫里，只有一只玉兔日夜相伴。

当然关于月亮的传说在古希腊也有很多，最为著名的有"月亮女神"、"艾迪米斯"但无论是东方的传说还是西方的传说，都表达了一点，就是人们对于月亮的敬畏与向往。

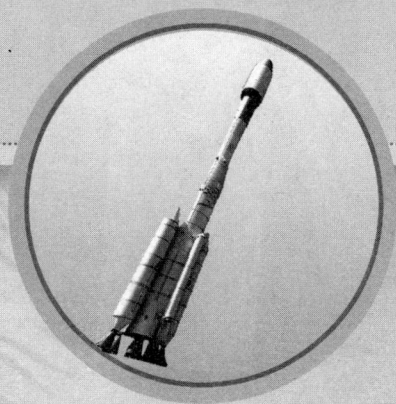

嫦娥奔月

在中国古代神话中，关于月亮的故事数不胜数。其中，嫦娥奔月是最广为流传的。

相传，远古时候有一年，天上出现了10个太阳，直烤得大地冒烟，海水枯干，老百姓眼看无法再生活下去。这件事惊动了一个名叫后羿的英雄，他登上昆仑山顶，运足神力，拉开神弓，一口气射下9个多余的太阳。后羿立下盖世神功，受到百姓的尊敬和爱戴。不少志士慕名前来拜师学艺。奸诈刁钻、心术不正的蓬蒙也混了进来。不久，后羿娶了个美丽善良的妻子，名叫嫦娥。后羿除传艺狩猎外，终日和妻子在一起，人们都羡慕这对郎才女貌的恩爱夫妻。一天，后羿到昆仑山访友求道，巧遇由此经过的王母娘娘，便向王母求

嫦娥奔月

得一包不死药。据说，服下此药，能即刻升天成仙。然而，后羿舍不得撇下妻子，只好暂时把不死药交给嫦娥珍藏。嫦娥将药藏进梳妆台的百宝匣里，不料被蓬蒙看到了。

三天后，后羿率众徒外出狩猎，心怀鬼胎的逢蒙假装生病，留了下来。待后羿率众人走后不久，蓬蒙手持宝剑闯入内宅后院，威逼嫦娥交出不死药。嫦娥知道自己不是蓬蒙的对手，危急之时她当机立断，转身打开百宝匣，拿出不死药一口吞了下去。嫦娥吞下药，身子立时飘离地面，冲出窗口，向天上飞去。由于嫦娥牵挂着丈夫，便飞落到离人间最近的月亮上成了仙。

傍晚，后羿回到家，侍女们哭诉了白天发生的事。后羿既惊又怒，抽剑去杀恶徒，蓬蒙早逃走了。

悲痛欲绝的后羿，仰望着夜空呼唤爱妻的名字。这时他惊奇地发现，今天的月亮格外皎洁明亮，而且有个晃动的身影酷似嫦娥。后羿急忙派人到嫦娥喜爱的后花园里，摆上香案，放上她平时最爱吃的蜜食鲜果，遥祭在月宫里眷恋着自己的嫦娥。百姓们闻知嫦娥奔月成仙的消息后，纷纷在月下摆设香案，向善良的嫦娥祈求吉祥平安。从此，中秋节拜月的风俗在民间传开了。

（这只是"嫦娥奔月"的一种说法，在民间还流传着许多不同的说法。有一种说法是后羿射下太阳后，被人民推选为首领，脾气变得暴躁，不高兴就随便杀人，嫦娥是偷吃了日后要与后羿一起服用的两颗仙丹而成仙的。但流传得最广泛的还是上述一种，因为人们向往美好的结局。）

吴刚折桂

相传月亮上的广寒宫前的桂树生长繁茂，有500多丈高，下边有一个人常在砍伐它，但是每次砍下去之后，被砍的地方又立即合拢了。几千年来，就这样随砍随合，这棵桂树永远也不能被砍倒。据说这个砍树的人名叫吴刚，是汉朝西河人，曾跟随仙人修道，到了天界。但是他犯了错误，仙人就把他贬谪到月宫，做这种徒劳无功的苦差事，以示惩罚。李白诗中有"欲斫月中桂，持为寒者薪"的记载。

拓展阅读

李 白

李白是中国唐代伟大的浪漫主义诗人，被后人尊称为"诗仙"，与杜甫并称为"李杜"。李白的诗以抒情为主。其诗风格豪放、飘逸、洒脱，想象丰富，语言流转自然，音律和谐多变。李白善于从民歌、神话中汲取营养素材，构成其特有的瑰丽绚烂的色彩，是屈原以后中国最为杰出的浪漫主义诗人，代表中国古典积极浪漫主义诗歌的新高峰。

吴刚折桂

知识小链接

桂 树

桂树为常绿阔叶乔木，高可达 15 米，树冠可覆盖 400 平方米，桂花实生苗有明显的主根，根系发达深长。幼根浅黄褐色，老根黄褐色。

◆ 古希腊神话传说——月亮女神阿蒂米斯

古希腊神话中的月亮女神阿蒂米斯是太阳神阿波罗的妹妹，非常漂亮，同时也是个很厉害的弓箭手，掌管着狩猎，身边常伴着她心爱的弓箭和猎犬。每天她驾着银色的马车在夜空中奔驰，代表了夜间的寒冷、寂寞，以及亡灵的道路。她还是未婚少女的守护神——她自己也是终身未婚，这里面还有个悲伤的故事。

拓展阅读

弓 箭

弓箭是古代以弓发射的具有锋刃的一种远射兵器。弓由有弹性的弓臂和有韧性的弓弦构成；箭包括箭头、箭杆和箭羽。箭头为铜或铁制，杆为竹或木质，羽为雕或鹰的羽毛。它是中国古代军队使用的重要武器之一。

海神波塞冬有个儿子，名叫奥列翁，他非常喜欢射箭，是个很好的猎手，还喜欢在海面上狂奔。月亮女神很喜欢奥列翁。他们相识了，并且彼此相爱，经常一起在丛林中狩猎，在海面上狂奔。女神的哥哥阿波罗很讨厌奥列翁，也不看好他妹妹与奥列翁的这段感情，于是决意要除掉奥列翁。某天，奥列

翁正在海面上飞奔的时候，阿波罗用金色的光罩住奥列翁把他隐藏起来，使任何人都看不出奥列翁的本来面目，然后就去怂恿喜欢射箭的妹妹月亮女神把远处的金色物体当作靶子。月亮女神当然不知道这是哥哥的阴谋，射出一支箭，正中奥列翁的头部。后来她知道了自己射死的是心上人奥列翁，于是陷入绝望之中，日夜哭泣。为了永远珍藏对奥列翁的爱情，她请求宙斯把奥列翁升到天上，希望自己乘坐银马车在天空中奔跑时随时可以看到他。宙斯接受了她的请求，把奥列翁变为天上的星座——猎户座。女神发誓终身不嫁，她要永远在夜空中陪伴着奥列翁。

月亮女神阿蒂米斯

知识小链接

波塞冬

　　海神波塞冬是克洛诺斯与瑞亚之子，宙斯之兄，地位仅次于宙斯，是希腊神话中的十二主神之一。

　　月亮女神阿蒂米斯非常喜欢橡树，狩猎时一直带着她的橡树木杖。人们又把她奉为"橡树女神"。在古希腊，人们祭祀月亮女神的时候，要点燃橡木火把，后来变成供奉甜饼并点燃蜡烛，最后演变成为庆祝孩子生日的方式——晚上在蛋糕上插蜡烛，吹灭并许愿，月亮女神会保佑愿望能够实现。直到今天，人们依然用这种方式庆祝生日。

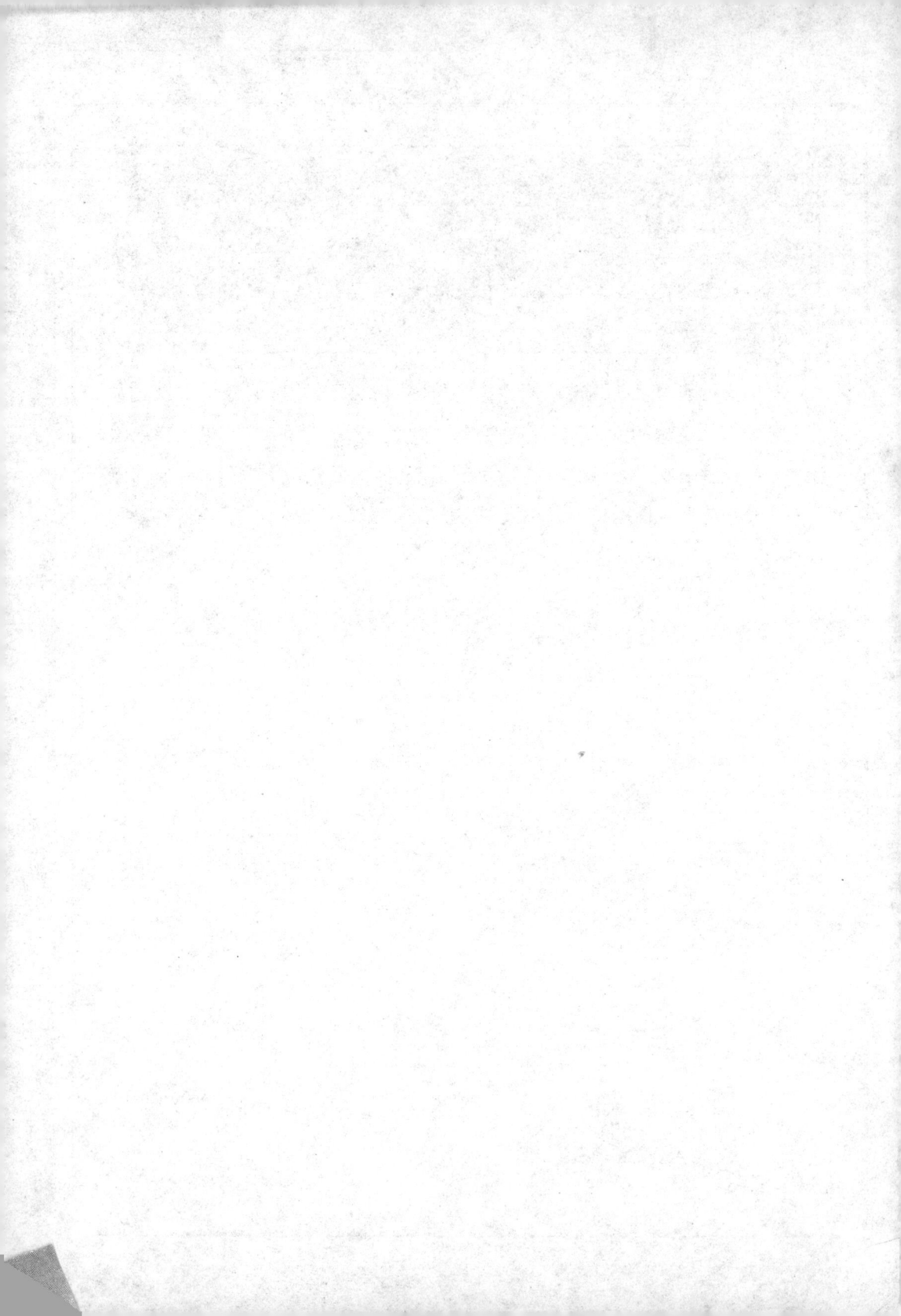